我想要
每天一睁眼就会爱上的生活

〔日〕伊贺泰代◎著　李伊芳◎译

台海出版社

图书在版编目（CIP）数据

我想要每天一睁眼就会爱上的生活 /（日）伊贺泰代著；李伊芳译. -- 北京：台海出版社, 2015.7 （2016.1重印）
ISBN 978-7-5168-0656-2
Ⅰ. ①我… Ⅱ. ①伊… ②李… Ⅲ. ①人生哲学－通俗读物 Ⅳ. ①B821-49
中国版本图书馆CIP数据核字(2015)第159226号

著作权合同登记号　　图字：01-2015-3399
YURUKUKANGAEYOU JINSEI WO 100BAI RAKU NI SURU SHIKOUHOU by Chikirin

Original Japanese edition published by EAST PRESS Co., Ltd.
This Simplified Chinese edition is published by arrangement with
EAST PRESS Co., Ltd., Tokyo in care of Tuttle-Mori Agency, Inc., Tokyo
through Beijing GW Culture Communications Co., Ltd., Beijing
本书中译文系由三采文化出版事业有限公司授权使用。

我想要每天一睁眼就会爱上的生活

著　　者：(日) 伊贺泰代　　译　　者：李伊芳
责任编辑：王　艳　　装帧设计：尚世视觉
版式设计：曹　敏　　责任印制：蔡　旭
出版发行：台海出版社
地　　址：北京市朝阳区劲松南路1号，　邮政编码：100021
电　　话：010－64041652（发行，邮购）
传　　真：010－84045799（总编室）
网　　址：www.taimeng.org.cn/thcbs/default.htm
E　-　mail：thcbs@126.com
经　　销：全国各地新华书店
印　　刷：北京彩虹伟业印刷有限公司
本书如有破损、缺页、装订错误，请与本社联系调换
开　　本：150×210　　1/32
字　　数：146千字　　印　　张：8
版　　次：2015年10月第1版　　印　　次：2016年1月第2次印刷
书　　号：ISBN 978-7-5168-0656-2
定　　价：32.80元

我	天气	地点	时间

我想要，这样的生活 ______

你的人生快乐吗？

你每天一醒来都是期待吗？

还是觉得，今天又是辛苦劳累的一天？

人生不应该就是做自己喜欢的事，

爱自己想爱的人，轻松，自在，又无限自由吗？

在追逐梦想的途中没有失败。

梦想金字塔示例：

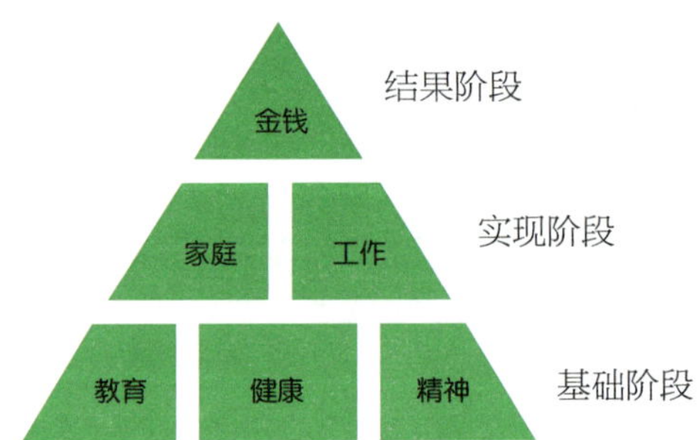

我的梦想金字塔：

模糊不清的梦想是实现不了的。

	现在	3 年后	11 年后	终极目标	本月（　年　月）	3 个
经济						
家庭						
健康						
教育						
精神						

月）	半年后（　年　月）	1年后（　年　月）	3年后（　年　月）	总结

序

你过着快乐的人生吗？除了工作、嗜好、游玩、与家人和朋友往来这些生活中理所当然的重要活动外，吃东西时、睡觉时、发呆时，这些时间你都是轻松、零压力地快乐度过吗？

“为了快乐人生、轻松生活，就试着缓慢思考吧！”我之所以会产生这样的想法，是由于不论过了十年、二十年，即使时代明显已有了剧烈变动，但从古至今“总之就是努力再努力”的观念却是一成不变的，我对此感到不以为然。

古往今来，“幸福的雏型”或许是所有人生活的凭借。例如，尽忠职守、勤奋工作的丈夫与专注于家事和育儿的妻子，或是一家人同心协力让家族事业生意兴隆，像这般生活的形貌已被确立为认真踏实的人生范例。

在经济高度成长的时代，只要与旁人都朝相同事物“努力”，就可以获得实质的经济报酬。

然而，现代不比从前，以往那个付出就能得到相应回报的时代已不复存在。因此，我主张贯彻自我的“喜好”、“快乐”、“轻松”，这样反而更能让所有事情发展顺利。

沉醉在自己感兴趣的事物中,讨厌的事物则一直设法向后推延……对我而言，勉强自己去做不喜欢的事，最终是无法得到圆满结果的。选择从事自己感到既快乐又轻松的事物过活,不是在撒娇也绝非逃避，这反而才是真正正确的人生之路。

不拘泥于既有的准则与规范，以自我的“喜好”、“快乐”、“轻松”为优先——这即是依“自我标准”生活。

俗语说“良药苦口”,许多人因而主张“辛苦有其一定价值”。然而，就逻辑上来说，“快乐、轻松又有价值的事”，对自我而言才是最好的选择，人们不是应该以此为目标吗?

日本社会遵循着“为了整体社会，应忍耐而压抑个体”之观念，并视其为一种美德，这种看法很普遍。本书就是要将社会上的固定观念强压在人们身上的束缚一一解开。为了自由、快乐、散发个人色彩的生活，对于生活的各个方面，许多时候我们都应该用更轻松的态度，“缓慢”思考，本书即是这般想法的集人成。

或许其中部分内容看来会过于“轻浮”，有些想法会让人觉得太过极端，但若是本书能有任何内容令你感到“原来也有这种思考方法！”，将是我的莫大荣幸。

缓慢思考，轻松地快乐生活吧！

目录

CONTENTS

ONE

轻松地生活吧！

TWO

依“自我准基”生活

THREE

财务自由才有人生自由

FOUR

让工作成为不仅是赚钱，更是圆满人生的乐趣

FIVE

零压力的快乐生活

仅 有 一 次 的 生 命， 还 是 按 自 己 喜 欢 的 方 式 去 生 活 吧！

ONE

轻松地生活吧！

ラクに生きる

是否需要降低目标？

设定低目标而换得悠闲，
追求更轻松自在的生活不好吗？

我会留意自己订下的目标是否过于远大而高不可攀，更别说是去设定那种到目前为止的人生中，都认为是不可能达成的崇高目标。除此之外，就连“要完成，似乎有难度”以及“得思考需要多大努力”的事物，我也不会将之设为目标。

与其订立一个高高在上的目标，不如就在能力所及的范围内选择自己的目标，我认为这样的人生才会过得轻松快乐。

尽管不时沉溺在“如果中彩票头奖的话要买什么？”这般无聊的个人妄想中，我也不认为人生需要为了赚钱而拼命工作。我觉得只要手中有足以维持生计的金钱就行了。

此外，先不谈个人，对于自己国家的未来，我也没有抱太大的期待。因此我总是非常乐观地看待日本的将来。

而那些抱持着悲观看法的人，其实是他们本身对于日本未来的期待过高。举例来说，那些人总是在想着该如何才能维持“日本作为世界第二经济大国”的地位，或是梦想着“日本在国际社会上发挥领导能力、受到各国尊敬”。

这样看待自己的国家，高举如此远大的梦想，结果却对现实感到悲观，其实也不难理解。然而，根本没有设定如此远大目标的必要。

全世界国家多达二百多个，在其中排名第二，相当于进了所有国家排名的 1%。请试着想想，在你至今的人生里，你曾有以进入前 1% 为目标吗？假使身处于有五百名学生的高中里，不论课业成绩或是运动竞技，你曾想过“我要进前五名”吗？想必绝大多数人都不曾有过类似愿望。

在学校里，总不免会有一两位特别的“风云人物”。不仅品学兼优、运动十项全能，同时还担任学生会长、班长或社团干部等。凡人要与这些人一决胜负，无疑是不自量力的“痴人说梦话”。

就 GDP 总额来说，过去长久以来一直都是美国位居第一、日本名列第二，不过随着中国脱颖而出后，日本不再是亚洲第一，而沦为第二。虽然有人为此感慨万千，不过请仔细想想，就经济规模的绝对值来说，人口一亿人的国家如果胜过人口十三亿人的国家才是非比寻常吧？日本输给中国是合情合理的结果。

日本在第二届世界棒球经典大赛中拿下冠军。然而，日本队表现杰出的选手仅铃木一朗一人，若是将来中国队大肆网罗相同打击率的选手，组成“包含候补选手在内的十三个人，都相当于铃木一朗”的队伍时，日本的冠军头衔顶多也只能留在现在。在毫无胜算的未来里，只能在喝茶闲聊时忆起“那时真好啊”。

此外，日本经济规模被中国超越后，能否保住第三名的位置仍是未知数，因为还有印度、俄罗斯这般人口众多、资源富饶的新兴国家，世界排名若能维持在第六名左右就已经是件不可思议的事情。尽管如此，在全球二百多个国家中排名第六名，无疑仍属先进国家，丝毫没有任何疑问。

其实若用长远的角度、以数百年为单位来回顾过往历史，不难发现强盛的大国往往都是“在短暂时期内位居首位”而已，比如拥有无敌舰队的西班牙、大英帝国、罗马帝国等。这些在特定时期极其繁盛的顶尖大国，在数百年后由世界首位下滑至第六到十名是稀松平常的事。日本不也是依循此模式的其中一个国家吗？

不妨转换心境，想着“自己在有生之年曾有过第二名的经验，真是幸运”。

虽然我曾说想回到过去，但也不是回到那段经战火摧残的战后时期。我想，如果能回到泡沫经济之前的一九八○年左右就好了，以那时的经济规模来看，生活与现在相较虽略有不便但仍可接受，而且还有慢性病发生率低等优点。

至于国际社会上的领导权，不妨就交由美国、中国、俄罗斯等国家吧！耗费国家庞大经费、担任联合国常任理事国，对于平常人的生活，根本没有任何好处。

除此之外，以科技业为例，也有人主张“日本人在世界上并不活跃”，在人口数上占据压倒性优势的印度尼西亚人和同属先进国家的法国人和德国人等，不都在硅谷大展身手？

我觉得他们对日本的期望过于远大了。

放弃“要与美国互执牛耳”、“岂能输给中国”这类难以实现的理想吧！个人也是如此。设定低目标而换得悠闲，追求更轻松自在的生活不好吗？为了幸福生活，请降低目标吧！

不管全世界所有人怎么说，我都认为自己的感受才是正确的。

——村上春树

人生就是要趁早放弃

不好高骛远、
不怀抱过于远大的雄心壮志，
是快乐生活的重要关键。

所有人都可能面临要放弃人生的时刻，没有任何例外。为什么呢？因为人终归一死。在面临死亡的时候，每个人都必须放弃人生。

不过，在死亡敲门前，“何时、什么时机、基于什么理由要放弃人生”的瞬间却会因人而异。想必会有人主张“在生命终结的最后一刻前，不可轻言放弃”；反之，也有人在很早之前就选择放弃许多事物地活着。

相较于其他国家人民来说，我感觉整体的日本人是否都“太晚放弃了”？而且，这也正是不幸的源头。对于多数人来说，许多事物绝对应该及早放弃，才能轻松生活。

在遍布“阶层”与“阶级”的社会中，即使是小学生般的年幼儿童，也可以因观察周围而理解“自己绝对没办法拥有像某些人那样的人生”。

因而在那个当下，人生就是要趁早选择放弃，没有任何例外。也有人是异常提早许多、放弃许多事物在生活着。

举例而言，在英国或法国，过半数的人在小学毕业左右，就已经了悟到“进入牛津或剑桥大学、高等专业学院，毕业后成为社会精英，并在职场上平步青云、担任大企业家，或任职于政府中坐领高薪……这种生活与自己无缘”。

在韩国等财团、富豪众多，贫富差距巨大的国家也有相同的情形。印度的种姓制度虽然已在法律上被明文禁止，但只要身在印度，就终生无法脱离种姓制度的束缚。

此外，南美洲国家的儿童时常以当足球选手作为自己的梦想，这是因为对他们来说，足球选手几乎是无关乎出生的阶级，而仍可以获得金钱、地位与名声的出路。即使还是个孩子，也能充分理解这个事实。

我相信在日本也不乏类似状况，小学、中学时，当全班被问起未来梦想，许多孩子的心中应该也会想着：“如果是某某的话，或许还可能达成这个梦想，换作是我就没辙了。”

即使是踏入职场、成为社会人后，也是同理可证。在进公司时便感觉到“自己绝对不可能当上这家公司的重要高层”。这一点，即使是欧美人也不难理解。因为要当上公司的重要高层，需要的是截然不同的经历，那些人与自己几乎是走不同的入口进入公司的。

然而，在日本，许多刚从大学毕业即投入职场的新人似乎时常胸怀壮志：“如果自己之后可以顺利当到部长，说不定也有机会进入公司高层。”在四月一日的入社典礼上，所有新进员工几乎以同等条件被公司雇用，这可能会让人误以为所有人都是在同一起跑线上展开工作。实际上，数百人的新进员工中，并非每个人都有“相同几率可以当上公司高层”。

然而，一厢情愿以为“所有人都有相同机会”而不轻易放弃、拼命努力工作，这正是“不幸的源头”。

只要还未放弃，人就会持续付出努力。但其实明明是徒劳无功……

或许对经营者来说，大多数人因误解而勤奋工作，实在是件幸运的事情。但从客观角度而言，体认到“较周围他人的工作效率来得慢，升职的机会也是微乎其微”之人，想必更能不在意职场评价，并及早发现其他人生乐趣而能充分享受人生。

面对孩子也是相同道理。当晓得“他好像不擅长念书”时，尽早放弃强逼孩子念书的念头，实在是关键的选择。即使花了大笔费用在补习班、家庭教师上，结果可能也不会有太大的差异。

可能有人会对于在中学生左右的年纪就体认到“人生限度”究竟是幸或不幸而存疑，不过我则主张反向思考，我觉得“与其活到四十岁都还不了解实情，那还是在中学生时期就认识到比较好”。

假使在非常早期的人生阶段就对“有自己无法从事的职业、有自己无法体验的生活方式”有所体悟，也没有必要因绝望而全盘否定人生，甚至可以及早做出“选择现实层面上应走的路”的决定。

而且，等到中老年才放弃，绝对比青少年时期就放弃要来得痛苦百倍。更甚者可能到老年后才察觉，但人生的未来走向却再已难以修正了。因此，为了减轻对自身带来的痛苦指数，自然是尽早发现、及早放弃为宜。

对于穷困国家的年幼儿童，许多人会用“纯真无邪”这样的词语来形容，其实这些孩子们对于自己所拥有的事物，以及永远都不可能得到的事物有相当了解。穷困潦倒的儿童们之所以能对着镜头展露欢笑，是由于他们理解，旅人手中朝向自己的相机是自己一辈子也不可能拥有的事物。因为是与自己毫无关系的世界，所以也不会有任何羡慕或嫉妒的想法。

不好高骛远、不怀抱过于远大的雄心壮志，是快乐生活的重要关键。

如果樱花常开，我们的生命常在，那么两厢邂逅就不会动人情怀。

——东山魁夷

享受无所事事的时光

无时无刻地受到时间的追赶，
并不是生活应有的样貌。

为什么会有人因忙碌不已的生活而感到快乐呢？看到那种假日仍东奔西走、四处忙碌的人，我的心头浮现了这样的疑问。

“时时与他人保持联系并积极行动”的人，无来由地令人感到正面和积极。

“早起运动一下以舒展身心，下午去看一场电影，晚餐和大伙儿大口饮酒、谈天说笑，临睡前再读本励志的畅销好书”，像这样安排的星期日，比起那种“睡到日上三竿，起床后去吃一碗拉面，之后就无所事事到傍晚，晚上窝在沙发上看电视、喝啤酒，感到困意时倒头就睡”，是不是令人感觉前面那种才像是个“充实的星期日”呢？

当你也这么认同时，你就已经被洗脑了。

其实“充实的休假日”一词，本身就是矛盾的。为什么休假日有“充实度过”的必要呢？休假日就是“休息的日子”呀，整天优哉游哉地消磨时间、让疲劳充分消除就已经足够了。

不分工作日和休息日，“有计划就是好事”的想法真是粗糙不已。无时无刻不受到时间的追赶，并不是生活应有的样貌。

旅行也是同样道理。一定要去那儿、一定要去这儿；一定要看那个、一定要吃这个……会嚷着“旅行好累”的人就是因为这样吧！明明是难得的个人旅行，却要如同团体旅游般，无论大小事情都排定行程、事先预约，反倒成了被时间束缚的旅行。

只因没有计划就感到不安，将细枝末节的小事也排入行程，未依照预定计划进行时，就会感到焦虑、愤怒，甚至有罪恶感，到最后反而不知道旅行的理由与目的是什么了。

若是事关工作、为了促进效率而做好计划，的确是应该的，然而休假日却并无高效度过的必要。以我个人来说，我非常讨厌安排假日计划。此外，我也不喜欢排定多项行程。“星期六、日各安排一项活动”让我感到郁闷烦躁，我觉得只要偶尔“啊，这周末有排活动”即可。

无所事事就不知所措、没有安排活动便感到恐惧，这其实是种现代文明病。当你觉得自己也患上此病时，不妨尝试下“三天内不做任何有意义的事”。虽然偶尔会自问“这样真的好吗”，但此时只要稍稍把血液中的酒精浓度提高一点，就会觉得“这样就好”了。

对于将尼特族（NEET，全称 Not in Employment，Education or Training）视为问题人群的看法，我不敢苟同。在不对他人造成麻烦的前提下，我认为完全不从事任何有意义行为的人生，也可以作为人生的选项之一。**“想要活得有意义”的人，就自行过着有意义的生活好了，不需要强迫他人跟自己走上相同的道路。**人们应摒除心中“不想过着有意义生活的人就不具有活着的必要，对社会也毫无贡献”的想法。

尼特族本来的含义，是指“非就业中、非在学中、非进修中”的状态，对尼特族的负面认定是以肯定“只有工作、学习、训练才具有价值”的想法为前提。其实真正有问题的不正是这个想法吗？全世界、所有人仅认同这三项活动才有价值，这实在是件恐怖的事情。

懂得享受无所事事时光的人，应该被称为“闲暇的达人”。

多数不代表正确

与他人的行为不同、思考不同，
绝对不是什么不自然的坏事。

世上绝大多数人都做的事情，你若是不跟着做，就会被问“为什么”。没有固定工作会被人问“为什么”；四十岁了还未婚的会被问“为什么”；结婚五年后还没生小孩的也会被问“为什么”。想必多数人都有同样经历。

隐藏在“为什么”背后的逻辑是“大家都这么做的事情，为什么你不做”。会提出这个问题的人，应该没有在动脑子吧，所以才未留意到“有什么必要非得跟别人做同样的事情不可呢”，这才是个合情合理的问句吧！

自己所做的事情，大部分人也在做，据此，自认是“正常”，然后向不那么正常的人询问“为什么”，真是再自然不过了！提问者多半是持这样的想法吧！然而事物的正确与否并不是以多数作为判断标准，与他人的行为不同、思考不同，绝对不是什么不自然的坏事。

在二十多年前，也有人质疑“明明是女人为什么要念大学”。然而，现在的女性未继续升学，反而会被人问：“为什么不去念大学呢”。随着时代的变迁，人们对于普通事物的认定其实也发生了改变。以往那些念大学的少数女性，现今反而被视为是“时代的先驱”。

作家谷崎润一郎结识最后一任妻子松子时，彼此都仍有配偶。一天，谷崎以“我相当爱慕你”向松子求婚，那时谷崎已四十八岁。

四十八岁且双方都已婚，彼此却还要在各自离婚后再结婚，实为相当了不得的事。尽管当时是作家另有“外宅”也不罕见的时代，说穿了，通常都有“非正式公开的关系”。然而，他们两人却都选择离婚后再婚。

这并不是“大家往东我就也跟着往东”的行为。不顾时代背景与周围众人的议论纷纷，谷崎就是认为非离婚后再婚不可，而且对象也仅限松子一人，而不是以“不知不觉”、“顺其自然”、“差不多是时候了”这类理由而结婚。

我觉得多数派者应停止对少数派者毫无理由地询问“为什么”。**大家都往东走时却反方向往西走的人，其实就是发自内心想往西**。不是基于“因为大家都这么做”，而是因为“有向西走的强烈理由”。往东走的人所说的“我和大多数人都一样，为什么你要和其他人不一样”，为什么不对自己有这样的想法感到难为情？若你属于少数派，也完全没有烦恼的必要。

试问已婚者：若绝大多数人都没结婚，你会想着结婚吗？

试问曾就读大学者：若绝大多数人都是高中毕业后就开始工作，你还会选择继续念大学吗？

试问工作者：若绝大多数人都没有在工作时，你也要工作吗？

当自己人生的主角

这么随波逐流下去，
人生就会成为不论谁
是主角都没有太大差异的舞台。

往昔作家、哲学家所留下的名言中，许多话都引起我心中的强烈共鸣。

其中我最喜欢的一段话，是法国小说家弗朗索瓦丝·萨冈（Francoise Sagan）曾说过的："尽管有因悲伤、懊悔而失眠的夜晚，却也不乏因欢愉、快乐而失眠的日子，我想选择这样的人生。"

弗朗索瓦丝·萨冈年纪轻轻就因小说畅销而致富。因此，她的周围聚集了许多别有居心的人们。她以开放的态度与众人来往，过着有时也不乏荒唐的生活。对此，"善良的大人们"向她提出忠告："要慎重选择往来的朋友。究竟谁是真心为你着想，谁只是看中你的钱财，这些你都要清楚地知道。"

对于这个建议，她以前述的那段话作为回答。

因被欺骗、遭受利用、受伤，就自此陷入过度的恐惧中。真的有必要闪闪躲躲地过日子吗？害怕承受那些伤痛，就什么事都做不了，这样下去，也不可能遇见任何快乐和高兴的事物。

“我想要的，并不是风平浪静、过于平稳而无趣的人生。”弗朗索瓦丝·萨冈就是这么说的。

人生中遭遇悲伤、痛苦是理所当然的事。反之，也会发生让人开心、喜上眉梢的事情。不论是好是坏，没有历经任何感情激烈起伏的人生，无疑是索然无味的。时而流泪哭泣，时而开怀大笑，弗朗索瓦丝·萨冈所追求的正是情感丰富、有愤怒也有狂喜的生活，这才是她梦想的生活方式。

另外有位作家曾说：“切勿只当人生的旁观者，不要只是坐在观众席上。要站上舞台、担任自己人生的主角”，其实讲的也是这个道理。

只是在台下冷眼旁观，名为“人生”的这出戏转眼间就会落幕。**虽然看戏也有看戏的乐趣，不过只有真正作为主角演出，才能亲身体会个中滋味。**

坐在观众席上看戏，同时暗念着“嗯，我也去念大学好了”、“要找工作吗”、“对了，该结婚吗”等，自己的人生彷佛他人才是主角般，这样的人生有何意义？

为了活出精彩的人生，就要从观众席上站起来、奔向舞台、自己决定人生中的每个故事，戏中的每个情节也要掌握在自己手里。

我是在大学时读到这段话的。当时我对于“念大学”一事并无任何“当事者的自觉”。只是基于“大家都念大学，所以我也要一样”的理由而进了大学。然而，当我邂逅了“不应旁观人生”这段话时，大受打击。那时才真正察觉：“这么随波逐流下去，人生就会成为不论谁是主角都没有太大差异的舞台。”

若是为了将来而忍气吞声，舍弃危险的桥梁而选择早知是安全的道路，迎接你未来人生的，绝对是“虽然不会遭遇重大失败，但也无法体会飞上云霄般的喜悦”的景况。

我们不知道人生何时会宣告结束，可能是明天也说不定。因此更要由现在、当下这刻起，就担任自己人生的主角。

不 论 事 前 如 何 计 划 缜 密， 未 实 际 去 尝 试 就 无 法 得 知 结 果。

TWO

依“自我准基”生活

「自分基準」で生きる

以『工作·家庭·兴趣的3×3分割图』来规划人生

对于人生规划应是『工作、家庭、兴趣中最多选择两项』。

有人将自己的时间奉献给工作，有人下定决心“我要为兴趣而活”，还有人选择成为家庭主妇，全心操持家务与育儿，每个人的人生志向都相异。类似上述的“人生类型”，透过图 1 的“人生 3×3 分割图”，可以在视觉上更清楚地掌握。

横轴为可自行作主的二十岁至平均寿命八十岁为止的这段人生时间，并划分为“二十年 ×3 的区间”。

纵轴代表扣除睡眠、可 100 % 运用的时间，其中分配到“工作”、“兴趣”、“家庭”的时间分别以三种颜色来表示。

举例来说，图 2 为“勤奋上班族”的人生。虽然年轻时还有一点个人嗜好，但之后的人生除了工作就还是工作。

图 1　人生 3×3 分割图

图 2　勤奋上班族

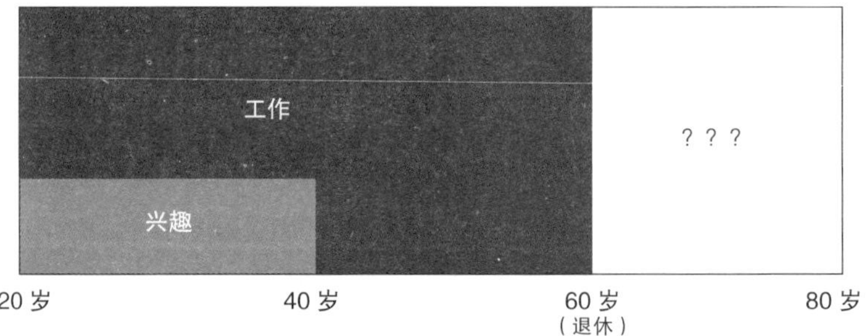

图 3　双薪家庭中分担家务的丈夫

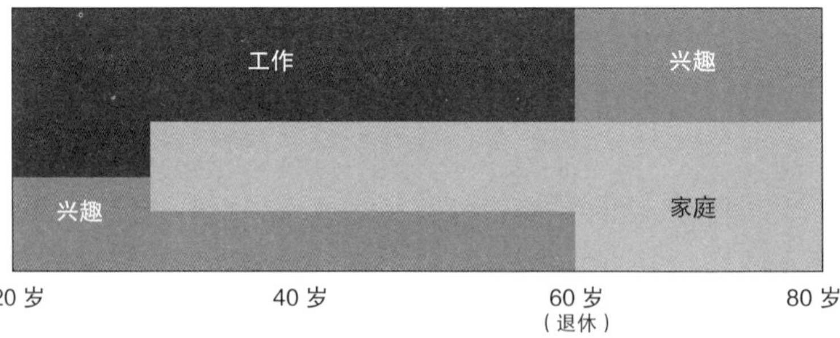

图 4　为兴趣而活的人

图 5　职业妇女

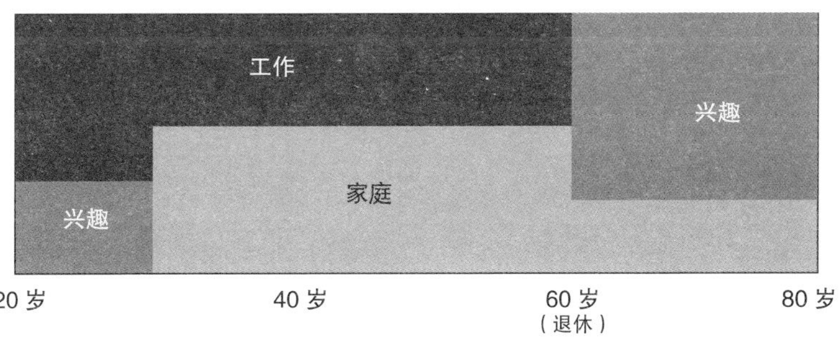

有人在婚后依然过着这般生活，若是自己做生意倒还无妨，但若是上班族，一旦从工作岗位退休就会失去生活重心，剩余的二十年时间会完全无所适从。

图 3 为“双薪家庭中分担家务的丈夫”。年轻时享受兴趣与工作的充实生活，在结婚生小孩之后便放弃个人嗜好，在不影响工作的前提下帮妻子分担教养孩子与家务，直到退休后享受天伦之乐并重拾个

人兴趣。

在孩子年幼时，可用于发展个人兴趣的时间相当有限，无论是海外旅游，还是礼拜天独自沉浸于休闲嗜好中，都会有相当的难度。

另外，也有选择不拥有家庭的人，如图 4，仅维持最低限度的工作，将几乎所有的时间都用以发展个人喜好，世上也不难找到这类型的人。

休闲嗜好的具体内容会因人而异，有人热衷上网玩游戏，也有人喜欢从事义工、登山等户外活动。

最后的图 5 则是“职业妇女”。请将此图与前述图 3 的“双薪家庭中分担家务的丈夫”相比较。虽然丈夫在育儿时期仍得以拥有少许时间发展个人嗜好，但此时期的妈妈，则几乎没有任何纯粹用于个人兴趣的时间。

即使有丈夫的协助，女性肩上的负担仍然相当沉重，“虽然可以兼顾工作与家庭，但即使周末也几乎没有属于自己的时间”，这仍是多数职业妇女的现况。

人生时间的运用大致可分为“工作”、“兴趣”、“家庭”三项活动，我认为每个人“在人生的不同阶段，要如何分配这三项活动中的哪一项，应拥有自由选择的权利”，这才是我想借由这些图表传达给各位读者的关键所在。

假设只在三项活动中选择一项：

仅选择工作→勤奋上班族

仅选择家庭→多代同堂之大家庭里的家庭主妇（主夫）

仅选择兴趣→尼特族、有钱人家的孩子等

若是选择两项时：

工作＋家庭→职业妇女、双薪家庭中分担家务的丈夫

家庭＋兴趣→优雅的贵妇

工作＋兴趣→丁克族夫妻（双薪但无子女的夫妻）

想要在同一时期内“三项兼顾”，对任何人都是困难重重的，即使本人拥有一定程度的天赋才能，也必须有天时地利人和的条件配合，然而这很难办到。换言之，对于人生规划应是“工作、家庭、兴趣中最多选择两项”，由另一角度来看，就是“势必要放弃其中一项”。

当有学生问我“进入这家公司的话，可以兼顾工作与家庭吗”，我就会给他们看这些图，并说明：“可以兼顾。但在致力于工作与教养时，请做好完全没有自己时间的心理准备。”

各位读者不妨也借由这个图表，将自己从以前到现在的生活可视化，用以回顾过去并确立未来的计划。此外，定期审视现状并调整生活直至平衡也不失为一项应用方法。

虽然想要同时兼顾三项活动实属困难，**但只要善加规划、错开时期，在一生中要尽享工作、家庭、兴趣，也不是不可能的事。**

人生充斥着『因无聊而做的事』？

应从年轻时就开始，尽可能使生活以『自己想做的事』为中心。

若以其他角度审视“人生 3×3 分割图”时，我们每天所从事的活动可以分为以下三类：

（1）非做不可的事

（2）自己想做的事

（3）无聊而做的事

扣除睡眠，这些活动在日常生活中是以什么样的比例分配的呢？

举例来说，婴儿每天有 100 % 的时间都是用在“自己想做的事”上，然而进入小学后，就会开始出现“非做不可的事”。若是为了考上私立中学，小学五年级左右“非做不可的事就会占全部时间的 90 %”也可能发生。

一般而言，初中、高中的升学难度越高时，“非做不可的事”所占的比例会明显越大。但成为大学生后（特别是文科类），可以用于“自己想做的事”的时间会突然大量增加。

在开始求职前的大学生活，大抵是这般情形：

（1）非做不可的事（参加分组讨论等最低限度的课程）= 20 %

（2）自己想做的事（旅行、打工、聚会、发展人际关系等）= 80 %

当然也会有一些大学生必须自行赚取生活费，或是要参加各种资格考试，几乎没有时间做“自己想做的事”。大学时代中个人的差异可能已有天壤之别。

即使是刚踏入社会，个人的价值观也不尽相同。若为悠闲的上班族：

（1）非做不可的事（工作）= 50 %

（2）自己想做的事（喝酒聚会、购物、嗜好、旅行、恋爱）= 50 %

若是事业心较重的人，会将工作归类于“自己想做的事”：

（1）非做不可的事（家事、家庭关系）= 10 %

（2）自己想做的事（工作）= 90 %

虽然有不少女性向往成为全职太太，但真正体验过后才觉得无趣……也是有这类型的人：

（1）非做不可的事（家事）= 30 %

（2）自己想做的事（兴趣、与朋友午餐、美容护肤、购物）= 40 %

（3）无聊而做的事（勉强产生的兴趣、与邻居往来）= 30 %

不过，当孩子出生后就会转变为下列的生活，也有人觉得似乎要得精神病了：

（1）非做不可的事（家事、育儿）= 80 %

（2）自己想做的事（极尽努力才能偶尔与朋友见面）= 20 %

拥有一生不愁吃穿的资产、生活自由自在的人，应该是这种感觉吧！

（1）非做不可的事 = 无

（2）自己想做的事（兴趣、其他）= 100 %

真是追求“自己想做之事”的人生！

将这个比例配合时间变化制成图表，就如同下图（图表来源并非依据实际数据，而是想象）。

由图表可知，“非做不可的事”在人生中有两次激增的时期。第一次为小学高年级起到进大学为止的课业压力沉重时期。若在此时期未能跟上脚步，可能会发生拒绝上学、不良行为、肄业、自闭在家等问题。

由大学生成为社会人时，“非做不可的事”也会在短时间内明显有很多“想做的事”的人生！

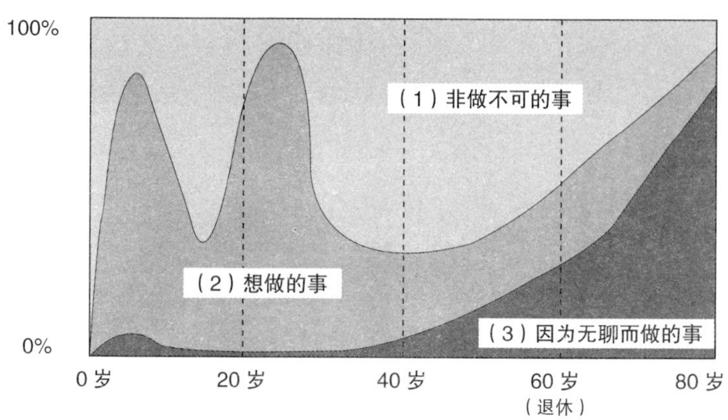

增加，因此即使顺利找到工作，也有人可能无法适应，或者过不了多久就离职。由“生活以自己想做的事为中心”，转变至“生活以非做不可的事为中心”，对任何人来说都是一件痛苦的事情。

此外，三十到四十岁时期正值工作发展期，加上孩子的教养问题，使得“非做不可的事”占有相当高的比例，并长达十年、十五年之久。现代社会中，心理健康受到格外的瞩目，因为这种生活也的确容易形成巨大压力。

最后，让我们来看看“因无聊而做的事”。其实年纪轻轻时，每个人的时间分配里几乎找不着这项活动。年轻时，光是自己想做的事就多到时间不够用，这是相当普遍的情形。然而一般来说，到了五十岁左右，就会出现“因无聊而做的事”。

举例来说，年轻时就结婚生子、如今育儿工作已告一段落的五十岁左右的主妇：

（1）非做不可的事（偷懒的家务事）= 30 %

（2）自己想做的事（网络购物、看韩剧、与邻居说三道四）= 50 %

（3）无聊而做的事（做义工、上健身房）= 20 %

男性在差不多同一年龄时，也进入了“工作上已经接近极限，再努力也不会有任何成效”的时期：

（1）非做不可的事（无前景却又长时间受其限制的工作）= 60 %

（2）自己想做的事（大概就是喝酒吧）= 20 %

（3）无聊而做的事（因为没有钱，所以就无所事事）= 20 %

大概是这样的状态。特别的是，男性可能会因“工作退休”、“孩子独立（育儿工作结束）”、“离婚”等事项，而使三项活动的比重发生剧烈变动，导致精神上难以适应。

“无聊而做的事”在六十岁后会急剧增加。若是平均寿命为六十岁左右，人的一生就可以认为是由“非做不可的事”与“自己想做的事”组成。然而，拜营养改善与医学进步所赐，人类作为生物的寿命得以延长，但高龄者的生活方式并不会产生任何改变，因此为了填补延长的寿命而出现“无聊而做的事”，并持续增加。

这是因为社会的脚步未能跟上科学的进步。当我们好不容易由工作岗位退休并拥有充足的自由时间时，生活却被“无聊而做的事”占据，这是件多么讽刺的事情。因此，应从年轻时就开始，尽可能使生活以“自己想做的事”为中心。

所谓活着并不是单纯的呼吸，心脏跳动，也不是脑电波，而是在这个世界上留下痕迹。

——东野圭吾

夺回自己的欲望

欲望并非『物品』，
而是『真正的
打心底渴望的心情』。

看到超市的货架时，我时常因陈列商品的数量之多而惊讶不已，想来这是为了迎合消费者的多样化需要，而持续不断地推陈出新的缘故吧！以前，全家人不分男女老幼都使用同一瓶洗发露，现代则是一家三口就有三瓶不同的洗发露摆放在浴室里。以食物来说，同种食品为配合不同场合，也会有眼花缭乱的多种款式可供选购，而且种类还在持续增加中。然而，为数众多的商品是否真的有其存在的必要性呢？

商品与服务可分为两种类型，分别是改变生活方式与人生样貌类，及提升个人精神层面上的满足感类。

汽车、新干线与飞机即是前者的代表。因这类事物的出现，让出生于小乡镇的人也有机会在东京出人头地；出生在印度的人也能在硅谷闯出一番天地。冰箱、洗衣机、电饭锅等家电用品的推出让已婚女性得以兼顾工作；因特网的诞生也在很大程度上改变了世界。

另一方面，绝大多数重新发售的商品并不以改变人们的生活方式为目的，其目标是成为“更接近个人喜好的商品”。不仅是机械性商品，现代是个连不存在于自然界而有着新触感质地的花朵都可以“开发”生产的时代。

在满足了物理上的具体欲望之后，人们将目光转移至追求精神上的满足感，这其实也是极其自然的事。手握一件沉甸甸的物品，几乎所有的人都可以感受到它的实体重量，但像“美味与否”这种主观的感受却是因人而异的。比起生理上可具体感受的，每个人心理上的感受则是不同的。因此，为了追求心理上的满足，商品毫无止尽地不断增加。

对于欲望本身，我并不认为是件坏事。想要得到更快乐的事物、更便利的服务、更美味的餐点、更令人兴奋的事物，我觉得这种想法，对于经济层面及个人人生而言其实相当重要。

然而，近来我却怀疑“自己是否被伪造的欲望给牵着鼻子走”了。提供商品的企业时常用“发掘潜在需求”这样的说辞，然而实际上，这些商品并未真正唤起人的潜在欲望，绝大多数都是以营销手法、广告，或是“疯狂畅销”、“民众热烈抢购”等标语迷惑消费者，让人们对于不感兴趣的商品感到“有点想买”。而且，通常连信用卡付款、礼品包装的服务都一应俱全，让人能毫不费力地买到。

然而，欲望并非“物品”，而是“真正的打心底渴望的心情”。我们在轻而易举就获得物品的同时，是否也遭受“欲望”的剥夺了呢？

我最近燃起了“排除在外力强迫下产生的多余欲望，重拾内心原始欲望”的强烈念头。我并不是要完全舍弃物欲、过着与世隔绝的生活，只是单纯想要区别“自己真心的欲望”和“被贴上而附着的伪造欲望”。若不这么做，**在所有梦寐以求的物品通通到手的同时，却无来由地感觉家中都是用不着的东西**——这样矛盾的状况不是也很令人难以承受吗？

想要体会对某件物品的强烈渴望，就应该让自己身处“这是自己想要的东西，所以让人心情愉悦”的物品中。这些物品绝对不是那种你看着货架上的大量商品想着“买哪个好呢”时买下的商品，也不是在画面上接连按下“购买”，然后通通丢进购物车就能买到的商品。

请严格区分“自己真心想要的事物”，夺回“发自内心深处的原始欲望”。大量供给、大量消费的另一个说法就是浪费，请务必试着挑战。

采用一点『豪华标准』，拥有一点豪华人生

以一点豪华标准进行判断，将可引出『生活方式的多样性』。

人在决定重要事物时，往往会采用“综合评价方式”。比如“商品A虽然比较贵但却是自己喜欢的设计，不过看起来不是很好用。商品B价格便宜但毫无设计感，不过使用时容易上手”，以价格、设计、使用难易度等多项评价标准针对多个选项进行比较，并作出综合性判断。

此方法的最大问题在于，到头来往往会选择最平凡无奇、毫无特点的选项。

举例来说，以挑选住宅公寓为例：

（A）隔间良好、设计感佳。然而价格高昂，距离车站路程二十分钟以上。

（B）位于车站前、一楼为便利商店，交通便利。然而室内缺乏日照、价格也相当昂贵。

（C）距离车站十分钟路程。隔间普通可接受。日照不错。价格居中。

（D）由车站搭公交车约十五分钟。屋龄老旧。不过窗外为公园绿地、景观佳。价格便宜。

这种情况下，若以综合评价方式，多半会选择“各方面都没有太大问题”的C。然而仔细一瞧，C其实不是能获得“这点很棒”这种评价的地方。就公寓本身来说，A是最佳选择，B是地理位置极佳，D是环境良好且价格低廉。然而，最后却是没有任何决胜关键的C雀屏中选。

若是以“一点豪华主义”选择时，情况又会如何呢？采用这个方式时，首先就要思考“自己最重视的关键”是什么，是设计、便利性、周围环境还是价格呢？确认之后，自然就会选择该特点最突出的那个选项。若采用这样的评价方式，想必C绝对不会是最终选择。

任何事物其实都是如此，不论事前多么小心谨慎、如何千挑万选，真正选择之后往往还是会感到不满意。因此，应该以事后会感到不满作为前提，以“假使略有不满但尚可接受的选项是哪个”的角度进行筛选。

此时最容易得到满足的选项，即是“虽然有诸多不满，但以自己最在意的特点选择时，还是这个最好”，这样就可以选到自己不会后悔的选项。

举例而言，像“就设计来说，没有其他更满意的公寓了”、“很难找到可媲美这所的便利房子了”，当自己最在意的条件获得满足时，要忍受其他不满之处绝非难事，这就是一点豪华主义的优点。

当以一点豪华主义进行选择时，除了以自己最在意的特点作为标准外，也可以试着想象可能伴随的缺点。例如，求职选择公司时，以“薪水多少不重要，只要工作有趣就好”为基本要求的人，对于其他条件都视而不见，这无疑是一点豪华主义。所以，可以尝试自问自答，例如这份工作可能是下列形态：

· 每日超时工作、休假日也时常加班

· 有很高的几率会被调到乡下小地方

· 薪水实领十八万日元，每年都是相同数字

· 工作内容极其有趣

你满意这样的工作吗？决定前请先思考一下。

或者，假设“只要确保有从事个人兴趣，如乐团活动的时间，就心满意足”时，在接受工作前也应事先思考：“工作时间朝九晚五、不需加班，每天傍晚后就是完全自由的个人时间。不过工作相当枯燥无味、薪水低，好处是可以继续乐团活动，这样仍会觉得幸福吗”。

从学校毕业后，可能难免会有“不晓得对自己而言，哪些是重要、关键的事情”的情形。不过只要开始工作以后，就会很容易察觉到“在这点上自己绝不让步，或是唯有这点无法忍受”。尽管有人对“工作短短数年就离职”持负面看法，但若是以“自己的一点豪华标准”为前提时，我想这绝非坏事。

更进一步思考，以一点豪华标准进行判断，将可引出“生活方式的多样性”。若是“列举选择工作时，对你而言重要无比的十项关键”，最后众人的十项标准都大同小异。然而，改为“请选择最重要的一项标准”时，十个人的选择可能就都不尽相同了。

当每个人选择“对自己而言的最重要的关键”时，判断的标准会变得丰富多样，不会每个人都以相同的公司为第一志愿。因此，一点豪华标准无疑连结着“价值观的多样性”及“社会的多样性”。

请尽早找出“属于自我的一点豪华标准”吧！如此一来，方能过着不同于他人，但自己心满意足、了无遗憾的“一点豪华人生”。

司空见惯的常识会产生盲点，是常有之事。

——松本清张

能决定『现在就放弃』
才能『现在就开始』

以『开始了就无法放弃』为理由，反而会对『展开新事物』踌躇不前。

“太晚决定放弃”为日本组织及日本人的特征之一。

后继无人的小规模企业，高龄老板在自己病倒前绝不卖掉公司；前 Kanebo 公司宁可做假账，也要想尽办法维持纺织事业。相对于那些大举挥军进攻日本市场、数年后发现情况不佳就当机立断全数撤军的欧美企业，两者无疑是明显的对比。

战争时也是相同道理，国家领导者即使面对摆在眼前的战败事实，仍是要等到面临国破家亡的最后一刻，才愿意向敌军投降。

在个人身上也不难发现“逃避放弃”的情形。例如当夫妻关系让人感到“走不下去了……”时，欧美人会毫不犹豫、马上选择离婚，日本人则会“先试着修复看看”，之后还是不行时，便又“观察一阵子再说”，最后历经多年冷却期才肯以离婚收场。

换工作时也是相同情形。欧美人如果感到“这份工作不对，这不是值得我投资人生时间的工作”，就算进公司仅一年也会迅速离职，而日本人却会选择“苦坐三年石也暖”。

为何“撤退”会如此困难呢？

在解雇规定严苛的日本，的确有因考虑将裁撤部门的员工生计问题，而延迟撤退的情形。然而，日本企业与政府等组织无法做出决定撤退的真正原因，其实就是“领导者不想承担责任”。

事实上，尽管财政赤字不断在增加，但比起做出决定，停止思考而放任惰性，过着与昨天相同的生活当然比较轻松。想要有所改变，就需要能量与动力，没有人出面承担错误，就无法推动重大变革。

这个“出面承担错误、推动重大变革”的人，理所当然就是领导公司的经营者。只关闭一间工厂，经营者的工作就会大幅增加，若是整个事业部门都要裁撤，那更是会让经营者忙到昏天黑地。年岁已高，好不容易轮到担任社长的经营者，“不想要接这种烫手山芋”才是他们内心真正的想法。

相比之下，欧美企业对于这类有巨大困难的工作，则会提供高额薪水作为经营者的报酬，“墨守成规、不喜改变、不敢放手做事”的经营者，也往往难以得到股东的青睐。

仔细思考，不难发现日本与欧美对于“领导者是什么样的人”有着截然不同的概念。欧美国家认同“产生变化”的领导者，反观日本的领导者则是“尽可能不引来麻烦”。这种观念让日本成为一个“无人可下最后决定的国家”。

就个人来说，许多人深受“将放弃视为问题的道德观”之影响。

许多学生在毕业求职时，会因“面试官是很棒的人”这类毫无意义的理由而选择公司。即使是以这种无关紧要的理由进了公司工作，仍会为了离职与否而苦恼不已。虽然有人觉得离职“是不是自己不够努力呢”，但出生以来首次选择的这份工作并不是想要赌上自己人生的工作，也非“命运般邂逅”的工作，这才是绝大多数人的常态。

然而，在日本却有着“即使只是随意的开始，也不能轻易放弃”的道德观。周遭众人也会加诸各种“不应马上决定”的无形压力。放弃被视为“逃避”、“没有毅力”的表现。结果不论是多么枯燥乏味的事情，持续远比放弃来得高尚而且具有道德价值。

如同“终竟的美”、“凋零的美学”等言词所象征的，日本人有“追求美丽结束”的倾向。

反观欧美社会，则是有着“Exit 战略”，阶段性的结束对欧美企业而言是种“战略”。相较于“只好这样”的结束方式，欧美企业选择把握住“就是现在”的时机，采取积极的行动。因此，打从一开始，他们其实就一直思考着“如何画上句点”的方法。

他们采取一定标准而后判断出的“合理的结束”，当然不同于那种洋溢着唯美乡愁的电影结局。另一方面，多数日本人却期望在“最后”能以“泪水落幕”，因为这是他们所追求的“美”的概念。

然而，“为追求美好的结束，一而再、再而三错过合理撤退的判断，仅存最后选项而别无选择的这种结束方式”，真的可以称得上是美好吗？这与不主动选择结束而被迫落入“遗憾的败退”，是否也没有太大差异呢？

不论事前如何计划缜密，未实际去尝试就无法得知结果。不论是商场或是人生都是相同道理。发现“错了”时就应迅速放弃，不应将宝贵的人生时间浪费在无意义的事物上。

此外，若是能做出“结束的判断”，不论个人或企业都将拥有更多自由挑战新事物的机会。以“开始了就无法放弃”为理由，反而会对“展开新事物”踌躇不前。请培养放弃的勇气吧！同时持续尝试新事物吧！

哪种活法都会有遗憾，不过，至少不应该在临死的时候，才想到『糟糕』，『应该早点做』等等而悔不当初的。

——渡边淳一

前辈的建议是否要听？

与孩子、父母、朋友、同事间的相处，同时包含了正面与负面的情感与经验。

父母：“好好用功念书！”

国中生的儿子：“我讨厌念书，也不擅长考试。我不要念什么大学！”

父母：“你太不了解社会了。大学非念不可！”

女儿：“我想离婚！”

母亲：“都结婚了，就忍耐点！”

女儿：“我已经无法忍受了。我没办法和他过一辈子！”

母亲：“我也好几次想和你爸爸离婚。你再过几年就会理解了。现在回想起来，幸亏当初没有离婚。”

上述都是随处可见的对话。究竟孰是孰非呢？为人父母，其实也不可能对孩子说谎。他们都是为孩子着想，才会说出这番话。

其实这并不是到底“谁”才正确的问题，而是要视“在讨论什么问题”，才能判定哪方正确。

举例来说，**关于历经数十年已有了变化的事物，年长者的建议不仅无益，还可能有害。**自己三十岁时生下的孩子，生活在与自己相隔三十年的时代中，对于在三十年内已发生转变的这些事物，父母基于经验所提出的建议并无太大的帮助。

距离现今三十年多前、约一九八〇年的上半年，大约是泡沫经济前，日本未来的前景一片看好。那时因特网与移动电话尚未出现。在那样的时代背景下，确实可以从已有人生历练的父母身上学习；可以因年长社会人士“大学非念不可”、“这个产业将来大有希望”、“总之年轻时就多忍耐”的这类建议而受益。但是，现今社会改变的脚步日益加快，像上述的情形在现代其实已难以想象。

不过，另一方面，“人类本质”即使用过一百年也不会有改变。人类出生，成长而成熟，接着年老走向死亡，这个循环是一成不变的。

开心、喜欢、快乐等情绪，以及羞耻心、嫉妒、愤怒等感情……人类的七情六欲从古至今都是如此。时常从前辈那儿听到的这类关于“作为生物的人生信号”及“感情与心理”的建议，绝对会对往后的人生有所帮助。

举例而言，当意识到“死亡”时，人会是什么样的心境、如何面对人生……了解这些的年轻人可说是少之又少。反之，已到花甲之年的长者多半都已经对这些事物有所体悟。若是能在年轻时就有所认知，想必不少人的生活方式将为之一变。

“父母对于孩子抱着怎样的心情”、“失去重要的人，内心将作何感想”等，这些都是未曾亲身经历过的年轻人难以想象的事。世上有很多“随着年龄增长才会理解的事物”，这的确也是不争的事实。

总归来说，人生的前辈对于工作选择、孩子教育等看似煞有其事、头头是道的建议，年轻人其实多半没有听从的必要。

然而，若是“身为人，与人相关的生活方式”等建议，就请保持谦虚的态度洗耳恭听吧！如此一来，也可避免日后因无法挽回的错误而后悔。

更进一步来说，如此可以使人更容易看见重要的事物。换言之，即“身为人，与他人的关系中，未能体验、感受、成长，也就无法获得任何足以留给后辈的建议”。不论在社会上积累了多么丰富的职场经验、事业上多么成功出色，这些职场经验都无法通用于下个时代。

与孩子、父母、朋友、同事间的相处，同时包含了正面与负面的情感与经验，亲身感受“作为人”的感觉，并从中学习，势必可以获得足以传承给下一辈且具有一定价值的事物。

不要坚持于唾手可得的事物

距离坚持事物越远时，
人就无法发挥太大的影响力。

“对于未来无法准确预测的最大理由，在于预测者对未来的观点抱定某种‘坚持’的缘故。由于‘坚持’的存在容易使思考有所偏颇，因此无法站在中立角度进行预测”，这是我上大学时，在社会学这门课中所学到的思考方法。

细想这的确是理所当然之事。巨人队的狂热球迷，当然不可能正确预测到比赛获胜的队伍。他们心中存在着期望巨人队获胜的“坚持”，让人丧失了客观判断各队战力的能力。“父母无法客观判断自己孩子的实力”也是同理可证。

这么说来，不投资股票的人，是否就能正确地预测股价变化呢？这也未必。若是他们内心有着“如果别人因投资股票而大幅获利，我会后悔不已”，或是“股价跌越低越好”这样的想法时，自然也无法做出正确的预测。

一般人最在乎的事物不外乎“自己”、“自己的公司”，以及“小孩”、“家人”等。和其他事物做比较，“正是由于事关自己最重要的事物，所以会因强烈坚持而无法做出正确判断”，无疑是最大的矛盾。

人生在世数十载，在升学、结婚、就业、转职等这些事情中，都会面临各式各样的转折点。每个阶段都需要慎重考虑才能做出决定。然而，人们却往往由于对自己的人生抱有强烈的坚持而无法做出客观判断，因此会做出错误决定。

面对自己人生的抉择，不可能使用特地召集巨人队狂热球迷，然后询问“你觉得明年的冠军队伍是哪队”这样可笑的方法来解决，那么我们究竟该如何是好呢？

请将眼光放远吧！请将“坚持的事物”依“与自己的距离”来做分类整理。

零距离（例：对自我人生的坚持）

短距离（例：对自己孩子人生的坚持）

中距离（例：对日本教育制度的坚持）

长距离（例：对世界和平的坚持）

未来发展与自己所坚持的事物渐行渐远者，情形大抵如下：

年轻时因“我想成为有钱人！”而创业→因“想让家人过着富足

的生活”、“让儿子接受最好的教育”而努力工作→事业有成并稳定后，对“日本这样下去不行”有感而发，开始积极参与社会运动→最后以“想要培育对世界和平有所贡献者”为目标，热心支持留学生、赞助 NPO 组织，积极培养年轻的政治家。

反之，与所坚持的事物逐渐缩短距离者，则会遵循以下的发展路径：

“想要对世界有所贡献！”而从年轻起就跑遍全球→回国后发现日本之于世界有许多诡异之处，而产生“我要改变日本”的想法，并着手相关领域的创业→成家后察觉“家人才是自己最重要的事物”而转为“家庭派”→晚年因“想长命百岁”、“想让最重视我的晚辈成为下任社长”，而回归个人主义。

通过这两种类型的比较，我们对应与自我的坚持该保持多远距离一目了然。距离坚持事物越远时，人就无法发挥太大的影响力。即使你有着“我要改变日本的 XX 产业”的雄心壮志，也不可能让你随心所欲地操控整个业界的企业体及所属的员工。然而，若是自己的公司，就可以自由选择继承人，加上父母的角色，对于孩子的职业选择也拥有半强迫性的影响力。

当对于性质接近且同属一个狭窄范围内的事物抱有过度的坚持时，容易因过于关注而犯错。此外，强烈坚持者往往既热心又顽固。将这般巨大力量对准微小的事物时，自然容易造成严重的错误。

换言之，为了不会对自己最重视的家庭、公司，及事关个人的事物做出错误判断，我们应该尽可能将自身的坚持转移至遥远距离、广泛范围下的其他事物，借此逐渐缩小“对身旁事物的坚持”，这样就能稍稍增加对自己重要事物的客观判断。

虽然人总是在不自觉中“只看见自己的重要事物”并为此绞尽脑汁的思考，但不妨试着偶尔将关注点转移到原本一心认为与自己不相关的世界和社会各种事物上。**结果或许会出乎意料，但至少能对与自己相关的事物做出恰当的判断。**

普天之下，哪怕有一个也好，必须寻找出能俘获自己这颗心的伟大的东西，美丽的东西，或是慈祥的东西。

——夏目漱石

想 要 学 习 时 就 赚 钱 ， 而 不 是 付 钱 。

THREE

财务自由才有人生自由

賢く自由に“お金”とつきあう

不要十年以上的贷款

请过着符合个人身份与能力的生活吧！

当首次听到住宅金融支持机构（由日本国土交通省住宅局和财务省管理，提供购房民众长期固定利率的房贷、购屋信息等）和银行的住宅贷款，偿还期居然长达五十年时，我感到一阵错愕。我一直以为住宅贷款的主流，最长不过三十五年左右。为了购买某项物品而办理五十年的贷款，我认为是相当不自量力的行为。

追根究底，三十五年的长期贷款为经济成长期，即在“适度通货膨胀与经济长期持续成长时代”就等于“薪水与不动产价格年年上涨的时代”的背景下，顺应时代而产生的事物。我认为这并不适用于现在通货紧缩、经济低成长的时代。

即使是现在的公务员或一流公司的职员，也无法确保从今年起的三十五年，薪水都能稳定地持续上升。因此，**我认为只购买在可偿还**

范围内不超过十年贷款的物品，才是最恰当、正确的。

才十年似乎短了点，你也这么想吗？

请仔细想想。除了买房外，一般来说不太可能办理这样长时间、难以偿还的大额借款。存够了房子的首付后，以十年贷款为范围挑选适当的房子即可。原来要买新建住宅、承租三十坪的公寓后来却发展为想买下七十坪的大楼豪宅，这种事情很多，这就是因为许多贷款者高估了自己的还款能力。

银行、中介公司、不动产公司以做生意为前提，因此会尽可能将豪华奢侈的样品房呈现给客户，让客户心生向往。然而，销售房屋的业者本身，是否真的认为那些不动产的确具有相应价值呢？

在日本，据说买下新建住宅的隔天，价格就会下滑两成。虽说业者的销售耗费及新建住宅的特别价格等也包括在销售价格内，但若从其他角度来看，其实就意味着房屋本质上的价格仅是销售价格的八成左右。

不景气长期持续的现在，无力偿还贷款、遭到法定拍卖的房屋日渐增多，其实多数房屋即使是竞标售出，售房所得也无法完全还清贷款。这是由于房贷余额远高于房屋法定拍卖售价的缘故。

除了最初的房屋售价过高，房贷金额远超出房屋真正价格也是造成此类现象的原因之一。付不出贷款，将房子卖了却还得继续偿还剩下的余额，这件事本身就很奇怪。

就日本房屋的寿命而言，三十五年的贷款无疑太长。不论是大厦或是独栋住宅，在三十五年间都至少需要付出一笔可观的费用来进行大规模的翻修。若以大厦来说，房龄三十年以上的房子就难以脱手。即使是拥有土地的独栋住宅，在城市中的狭小土地也可能因建筑管理法规的修正或新增条例而成为“无法买卖的土地”。

请试着想象看看。在孩子五岁时办了三十五年的房贷，全数偿还完毕时孩子都已经四十岁了。在这三十五年间，社会是否可能已经完全换了个模样呢？在这么长的期间里，都住在同一间房子里的假设，本身是否就有问题呢？

此外，即使是已经申请办理了房贷的人，也有许多人不知道自己房贷的“利息总额”。时常会听到有人说“我的房贷是三千万日元……”其实这只是贷款的本金。除了本金外还需支付利息。

顺便一提，三千万日元、利率为２％，以三十五年平均摊还本金与利息时，利息大约是一千二百万日元左右。若使用每年发奖金时的奖金还款、变动型利率等，金额还可能要再向上升些。利息的一千二百万日元并非是不动产的对等价值。不动产的价值为“本金首付款＋每月支付的价格总额”。利息总额则为“作为获得借款的对价、付给银行的金额”，因此将成为银行的收入。

换言之,贷款三千万日元买房,即意味着购买三千万日元的不动产,同时还需要另外备下一千二百万日元的费用作为必要资金。

这个“利息总额”的意识,可以说是申办贷款时必须要考虑的问题。举例来说,有人“虽然贷款三十五年,但打算早点还清”。然而,“三十五年的贷款提前以二十年还清”,与一开始就申请二十年贷款相比,两者的利息总额将会有天壤之别。在知晓利息总额的前提下,想必多数人会在贷款时优先考虑二十年的贷款。

就我个人来说,需要贷款十年以上的事物,不论是房子、汽车还是教育投资,我都认为那不是符合我身份的事物。唯有如此,才能拥有合乎常识的经济感觉。

请过着符合个人身份与能力的生活吧!

美在于发现，在于邂逅，是机缘。

——川端康成

大部分的保险都不需要

我认为绝大多数的保险都是『没必要的』。

每当看到人寿的广告时，我的心中就会不断冒出诸多疑问。对于重点不是强调保险内容，而是保费多么低廉的广告，我觉得这是典型的本末倒置，以“即使已经六十岁、即使有长年疾病都可以投保”为卖点的广告，我也有说不出的奇怪。因为，“即使有长年疾病也可以投保的保险”，并不包含“因为老毛病恶化而产生的住院及手术费用会由保险金支付”的意思。

即使是“住院一天五千日元的保障”等，也时常有着“某某情形时除外”的详细条件。而且这些附加条款，都以极小字体写在“保险合同”中，究竟有多少人记得你在签约前，曾听保险业务员详细说明过这些附加条款呢？大型保险公司在自家网站上明文刊载保险合同，也不过是这几年的事。

未告知保险金的给付条件，以保费便宜、每个人都能投保为口号的广告，岂不是相当奇怪？以我个人来说，我认为绝大多数的保险都是“没必要的”。对于房屋火险、汽车强制险等必要保险以外的个人保险，以下是我的看法：

（1）单身者、丁克族、退休后无收入者，不需要为孩子买保险。

即使是有孩子的劳动者，若是公务员或大型企业员工时，公司为员工投保的团体保险也已有一定的保障。此外，因故过世时，也有家人可领取的家属年金等公家保险。因此，个人加入民间保险的必要性着实降低许多。

有必要加入民间保险者，仅为以下两种类型：需扶养家庭的自营业者、就职于中小企业者／主要负责育儿、老年人看护者。

（2）仅“定期保险”为必要保险。

定期保险是指定期支付保险金后，于一定期间（五年、十年等）受到死亡保障的保险。我认为光是定期保险就已足够了。虽然必要保险金额通常以“每年的必要费用 × 扶养期间”计算即可，但由于有家属年金等公家支持制度，且房贷（有专门的保险）往往没有支付的必要。因此，每年的必要金额是以扣除房贷后计算的，较现今的生活费略少一些。

此外，每满五年便降低保险金额，保费也会随之降低。经过五年的时间，孩子又大了五岁，因此可减少保险金额。

除了定期保险外，住院险及癌症险也颇受欢迎，但我并不认为这两项保险具有大的必要性。丈夫的住院险在妻子住院时不会支付保险金，妻子的住院险在丈夫住院时也不会支付保险金。然而，将支付保险的钱作为存款，要支付一人的住院费用绝对是绰绰有余。毕竟夫妻两人同时住院的可能性并不高。

癌症险、妇科病保险等限定疾病给付的保险，我也不认为有投保的必要性。特别限定给付条件的保险，要领取保险金的难度也会随之提升。癌症虽然令人闻之色变，但仍有许多癌症以外、需要高治疗费的疾病。此外，若因忧郁症等采取定期回诊而非住院治疗的疾病而无法工作时，住院险就完全派不上用场。若是能将保费作为存款，也足够作为治疗期间的生活费使用了。

（3）据依赖的顺序为公家保险、最低限度存款，最后是网络保险。

加入民间保险为优先级中的第三名，最重要的投保方式还是加入健康保险及国民年金。虽然也有批评的声音，但与民间保险相比，公家社会保险仍属于有压倒性优势的制度。

接着是可作为生活费的存款。死亡险在保险人过世前都不会支付任何保险金。住院险因申请给付和手续的关系，想要在真正需要现金时领到保险金，可能性几乎是微乎其微的。面对没有办法立即使用的生活费及治疗费，即使已投保，家人生病时仍不免要为了筹措资金而四处奔走。这样看来，以一般标准计算，至少要提前准备半年的生活费。

虽然第三名为民间保险，但保险人支付的保费会因保险公司的经费（人事费、营销费、其他经费等）较高，也会水涨船高。投保拥有气派总公司和海外分公司、为数众多的高收入员工及保险业务员的大型保险公司，就相当于购买“品牌保险”。除非是预算充足，不然一般网上销售的保险其实就已足够。

因感到不安而加入没必要的保险，每天为钱而四处奔走，这完全是本末倒置的行为。请不要为了应对万一的突发状况，而牺牲其余万分之九千九百九十九！

今后，我要单纯正直地行事。不懂的，就说不懂；不会的，就坦承不会。

——太宰治

基本费吃掉你的自由

解决问题的关键在于降低固定费用的水平，而非变动费用。

你曾经计算过自己生活费中的“固定费用”是多少吗？固定费用是指，即使不张口吃东西、未外出游玩，每个月仍不得不支付的费用。以下依项目举例，各位不妨计算看看。

·家庭相关

房租或房贷／固定资产税、管理费／电费、燃气费

·通讯·播放费

报纸及电子杂志的购买费／家用电话及手机的电话费、网费／无线电视费用

·社会保障·保险费

年金、健康保险、劳保／人寿、火险等

· 家用车

贷款、保费、税金、维修保养费、停车费（未含加油及过路费等）

· 有孩子时

学费、伙食费、补习班和才艺费、托儿所费用

· 其他固定会支付的费用

健身房费用、其他年费、维持证照资格费用等

以上即为固定费用。生活费除了固定费用外，还会因伙食费、杂费、交际费、置装费、书本费、旅费、医疗费、交通费、加油费而变动。

那么，固定费用的总额是多少呢？许多人对高额的固定费用感到惊讶不已。特别是有车子及小孩时，固定费用更是居高不下。

当我辞去工作时，要抚养三名小孩的朋友对我说："超羡慕你。"那时，我对他说："为宝物支付高额基本费用是理所当然的。"由于是相当贵重的事物，自然伴随着不菲的维持费用，但不少人却因此而头晕目眩、看不清现况。

企业亦是相同道理。每年继续聘用的优秀（曾经优秀）员工、多方开展的事业、建立气派的总部及先进的工厂、在海内外广设据点……单是让人咋舌的基本费用，就势必需要相当高的业绩。

日本这个国家也是一样。有着优渥福利的医疗体制、过半数人民

理所当然就读的高等教育机构、为数众多的议员和公务员、遍布全国的道路及机场、国内的美术馆和音乐厅……这些设施的维持费用自然也是相当庞大惊人。

当因家计而苦恼、必须开始节约开销时，许多人会选择缩减伙食费及旅游费用等变动费用。然而，解决这个问题的关键在于降低固定费用的水平，而非变动费用。

为降低固定费用，对企业来说，不应该是削减经费，而是必须“再次构筑事业”；对国家层来说，就是不应削减支出，而是应进行“构造改革”。

明明是自己拥有的事物，明明是自己千辛万苦才得到的事物，我们却因此受到束缚。所以，请设法降低固定费用吧！

何时应该赚钱？何时应该付钱？

想要学习时就赚钱，而不是付钱。

我经常看到这样的新闻，面临严苛就业现状的学生们前往"就业补习班"接受面试指导。相较于大学的就业咨询室，就业补习班因为更为实际，加上服务细心亲切而大受欢迎，但是费用居然高达十五万日元。学生们在就业补习班里，究竟能获得何种程度的学习与成长呢？

其实关于这个新兴产业，明显成长的并非付钱的学生们。关注这类实际需求，在就业冰河期再次来到的背景下而开设就业补习班的这些从业者，他们每天学习到的新事物，远胜过交学费来接受指导的学生们数十倍，业者自己才是在茁壮成长。

想要让学生心甘情愿掏出十五万日元，就必须以等同的价值来说服他们，如果未能提供相应价值，风评就会在学生间快速口耳相传，想必也就无法做生意了。

为此，就业补习班的经营者们该如何是好呢？我想他们每天反复在错误中学习。这般情形使得补习班业者一直在边“赚”边学。

“比起付钱，赚钱那方更能学习成长”，这是相当普遍的法则。举例来说，交学费在大学里念一年的书，与获得同等学费金额的薪水而担任讲师授课一年，后者的学习成长想必比前者压倒性地多上许多。

回到最开始的例子，学生与其交十五万日元的学费前往就业补习班上课，不如在离家近的商店、便当店打工，并确立“比其他工读生多卖出十五万日元的营业额”这样的目标，而后为之努力不懈，如此一来往往可以学到远胜于就业补习班所教导的事物。而且，拥有打工经验在求职面试时，也更容易获得好评。

想要学习时就赚钱，而不是付钱。

我从学生时代起就相当爱旅行。然而，对于求职人气排行居冠的JTB等旅游业公司，我却从未有过求职的念头。这是因为我觉得将喜爱事物作为职业，似乎是件令人痛苦的事。

若从事了旅游业，整日里考虑的将不再是自己想要什么样的旅游，而是客人会喜欢什么样的旅游方式。这样下去，原先自己最喜爱的事物，却会变得无法依自己的想法来安排。然后，痛苦就产生了。

因此，对于最喜欢的旅游，我认为应该要付钱。付了钱，就可以随心所欲地依自己的喜好来规划，丝毫没有迎合他人的必要。去自己感兴趣的地方、吃自己喜爱的食物，仅是这样即可。这是件多么幸福的事啊！

换言之，**“喜爱的事物就付钱，让它顺自己的意”**。

现在是该赚钱的时候，还是该付钱的时候？希望各位不要混淆，请务必仔细考虑。

你身上被别人偷偷赚走的钱

不妨试着重新审视一番吧！

世上的产业类型五花八门，自然有着各种不同的获利方式。以下是我归纳的最有效的“三种获利方式”：

（1）尽量让人不要归还

提供房贷的银行、消费者金融公司、信用卡公司等金融业界的基本获利方式，即是“尽量不要让顾客还款”。

顾客申办三千万日元、利率２％的房贷时，若以三十五年计算，利息总额为一千一百七十四万日元。然而，若是同样金额与利率的借款，年限改为三十年时，利息总额为九百九十二万日元，足足少了一百八十二万日元。若是二十年的贷款时，利息为六百四十二万日元。利息＝银行收入时，较三十五年贷款的利息又少了将近一半。因此，

利率 2%、无提前还款本金与利息均等时

贷款年限	本金（万日圆）	利息总额（万日圆）
35 年	3000	1174
30 年	3000	992
25 年	3000	815
20 年	3000	642
15 年	3000	475
10 年	3000	312

站在银行的角度，业务员都要努力让顾客申办长期的房贷。

消费者金融机构与信用卡公司等也都秉持相同原则。十二个月不如二十四个月，三十六个月自然是再好不过，尽可能延长消费者的分期付款期间，才能提升利息总额。

（2）尽量让人不要使用

尽可能让人不要使用购买的商品，这类获利方法中最有名的非邮票莫属。业者发行各式各样的纪念邮票作为收藏物品而让人不会实际使用。当使用者不使用时，购买邮票的费用几乎全数成了业者的获利。

为了让人尽可能不使用商品，业者除了灌输消费者“收藏可提升价值”的观念，也利用消费者“想每年收集的心理”，发行类似贺年卡的商品。最近还出现了“把孙子照片做成邮票”的服务，更加提高了不实际使用、仅用于摆饰的这种可能性。话说回来，曾经的电话卡也是以相同手法来获利。

另一种"让人不使用"的销售方法，就是以折扣吸引大量消费者。例如补习班及美容中心的护肤票券等，若是大幅降价时，就会出现一次购买多达五十张的客人。

一开始时相当有兴趣，但容易只有三分钟热度的客人也会以"一次付清费用就会让自己持续下去"这样的理由来说服自己。然而，实际上半途而废者仍不在少数，补习班或美容中心也就不需为那些放弃的客人再安排教室、工作人员了。

（3）不使用仍要收费

第三类获利方式，为通讯产业等领域常见的"基本费用"。只要有基本费用，即使"消费者未使用仍要付费"。

收费方式可分为使用才付费的"计量收费制"，以及不论使用与否均要付费的"定额收费制"。对重度使用者来说，虽然定额收费制看似比较有利，然而因社会便利性逐渐提升，许多人即使申办服务后也鲜少使用。因此，就全体而言，仍是以作为基本费用的每月定额收费对业者较为有利。

定额收费制较为有利包括以下几个理由。首先，当消费者未实际使用服务时，许多人在解约前还会历经数个月的犹豫期。例如，健身房的月费，消费者即使对于运动、瘦身只有三分钟热度，但也容易因“只是这个月太忙了，下个月再开始吧”的理由而一再拖延，因此白白浪费了两个月左右的费用。对业者来说，这段期间就是“净赚的时间”。

此外，也有许多人可能一整个月都不使用，但由于嫌麻烦而没去办理暂停使用。举例来说，出国游学一个月、因公出差一个月、因病住院数个礼拜等，碰到类似状况时，绝大多数人都不会针对这段期间内的有线电视、网络、手机加值服务等去特别办理“暂停使用”。

以移动电话来说，许多人可能仅使用语音通话的服务，但同样每个月支付三百日元的网络基本费用。每个月的基本费仅数百日元也是关键之一，业者期待消费者产生“不过就是三百日元而已”的想法，而放弃办理解约退租的麻烦手续。

这三项绝佳的商业获利方法，由消费者的角度来看可说是“我因此让业者赚走了许多原本不必要的花费”。你身旁是否也有长期分期付款的事物或用不到却买下的事物，或是没解约却仍一直付费的服务呢？不妨试着重新审视一番吧！

不管遭遇多大的困难，不管陷入多悲惨的状况，如果能够一笑，就会有重新充电的感觉。

——伊坂幸太郎

大数据中筛掉无用的信息

光是看销售标签，就可以清楚情报产业的特征是把不可能的事情说成可能。

你知道在网上贩卖数据的"情报产业"吗？内容多是以使用者经验为主的长篇大论，读者试读完数页的免费数据后，可以用下载的方式购买整份数据。然而实际买下的资料里却没有任何让人耳目一新的内容，想必许多人都曾有过类似经验。

在网上大为流行、以此种方式进行贩卖的信息，其中典型的销售口号可分类如下：

（1）投资获利类

（例）外币的绝技、股票的绝技、赌博的绝技等

"确实让你获利！"、"保证绝对获利！"／"某某人因此方法致富！"／"独家方法，只对你公开！"

（2）商业手法类

（例）网上商店和交友网站经营秘诀、网络广告经营等

“只要拥有自己的博客就好！”／“网络广告让你月收三十万日元！”／“利用周末数小时就能有超过正职的收入！”

（3）治疗不治之症类

（例）糖尿病、耳鸣、风湿、腰痛、高血压治疗方法等

“你知道糖尿病的真正原因吗？”／“原本半信半疑，试了之后真的治好癌症了！”／“医生本来都说我没救了！”

（4）减肥瘦身类

（例）窈窕曲线、健美肌肉、丰胸、健康等

“憧憬已久的C罩杯？你也能轻松拥有！”／“你已经放弃长高了吗？”／“只要一个月，健康检查的数值就能全部合格！”

（5）马上大受欢迎类

（例）恋情圆满的法则、让他向你求婚（婚姻活动类）等

“打从出生以来从未受欢迎的我，居然能追到美人女友！”／“30

个抓住女人心的关键！”／“只要照着这么做，保证他下礼拜就会跟你求婚！”

（6）性能力问题类

（例）增进闺房乐趣、重振男性雄风等

“让夫妻性福圆满！”／“让你重拾自信、人生一片光明！”／“让他成为你的俘虏！”

（7）能力不足也能成功类

（例）提升业绩、考试合格、转职成功等

“如果可以早点知道这个方法……”／“念书几个月就能通过××考试！”／“在转职前念了这本书真是太好了！”

（8）瞬间学会困难技术类

（例）速读法、高尔夫一杆进洞、训练××等

“精英都知道的速读法！”／“三个月就能一杆进洞的秘诀全收录！”／“每天练习15分钟就能弹××！”

将这八大类大致归纳，可以得出：

A 金钱

（1）投资获利类

（2）商业手法类

B 健康

（3）治疗不治之症类

（4）减肥瘦身类

C 色欲（女 · 男）

（5）马上大受欢迎类

（6）性能力问题类

D 出人头地 · 成功

（7）能力不足也能成功类

（8）瞬间学会困难技术类

金钱、健康、色欲、出人头地和成功，可以说都是“欲望”。此外，光是看销售标签，就可以清楚情报产业的特征是把不可能的事情说成可能。

“囊括人类欲望的所有领域，让不可能成为可能的资料”……原来就是这样才能畅销热卖。

不对重要事物设定预算

对于真正重要的事物，人是不会单以成本来做决定的。

时常会看到有人对自用不动产“要购买还是租赁”举棋不定，我总是对他们的纠结感到不以为然。

因为我觉得“自己要住的家，不是重要无比吗”？人对于真正重要的事物，不应以成本考虑而进行选择。“只有不重要的事物才应比较成本来做决定。”

举例来说，当选择结婚对象时，不应该以“跟他结婚的话，不知道一辈子要花掉多少钱”；“这个人的话，可以帮我赚五亿元”等想法作为基本考虑。

交朋友也类似。选择未来发展的道路时，也不会有认真考虑“当医生的话，一辈子可以赚 ×× 亿元，所以我要念医学院”的高中生。

在选择交往对象、朋友、职业等对于人生有一定重要影响的事物时，应以“或多或少会将经济方面纳入考虑，但不会是决定的关键”为基本常识。

因此，关于自己要居住的家，只要是属于自己心中的重要事物，就应以经济以外的其他重要因素作为衡量标准。然而，在谈论不动产该购买还是租赁时，绝大多数的人还是会回到“买了究竟划不划算”这点上，鲜少有“非经济层面的比较”。我在此针对这部分进行了归纳整理。

持有不动产的优点

（1）改建、改装自由

承租的房子不能进行任何翻修，但若是自己的不动产，即使是二手公寓，仍可重新整修。如果拥有的是独栋住宅，还可以依个人喜好重新设计。

（2）经济自由（房贷还清后）

房贷还清后，人因此获得“即使失业也不会无家可归”的安心感。“不必为了赚钱而对不喜欢的工作忍气吞声，可以转职到虽然薪水少但自己喜欢的工作”的容易程度也大幅提升。若以此为目的，购买贷款十年即可还清的小坪数二手房也不失为好方法。

（3）对居住环境的投资

在庭园植树种花、买下自己中意的家具、配合室内气氛购买适合的画作为装饰等……自己的不动产会让人不由自主产生想要投资完善居住环境的想法。这些也都有助于提升个人生活质量。

（4）确保归属区域

只要一想到会长久住在这儿，就会让人积极主动参加小区活动，或与邻居交流往来。能拥有“故乡”与“自己的街道”的地方，无疑是件让人开心的事情。

持有不动产的缺点

（1）移动困难

碰上跟踪狂纠缠不清、邻居不时惹事生非、整体区域发展没落等情况时，无法轻而易举地搬家。特别是遇上故意持续制造噪音的邻居、收集或堆积大量垃圾及废弃物的怪人时，时常会求助无门。在日本，房贷还未还清的不动产，也无法出租给他人，因此只好自住，使人落入进退两难的困境。

（2）持有类的实体物品往往伴随一般性风险

有形的物体势必会损坏。说不定在买房子的隔天就会碰到大地震，而全数理赔的地震险却是少之又少。

（3）买错的风险

“人生第一次买这个”时，买下的物品时常伴随微微的苦涩。人生中第一次自己挑选决定的衣服、鞋子、车子、恋人、工作等，不几乎都是错误的选择吗?

首次购买时，对于自己真正想要什么、挑选时该留意哪些地方，时常都一知半解。不动产本来就是“买了三间后才能开始了解”的困难买卖。

（4）八卦风险

任何事只要发生过一次，邻居就可能会三不五时地跟你说：“那家人以前……”、“那家的女儿以前……”

我自己在买大厦住宅时，不是以经济因素与租赁相比较，而是以上述的非经济因素为基本标准。最后，我根据追求“自由度”这样的最终目的做出了最终抉择：可以依个人喜好改装的居住自由、（贷款还清后）随时都可以辞掉工作的自由，以及可以随心所欲摆放喜爱的家具等布置自由。对我而言，这些都是无法用金钱衡量的重要因素。

对于真正重要的事物，人是不会单以成本来做决定的。

生活——是无边无际的、浮满各种漂流物的、变幻无常的、暴力的，但总是一片澄澈而湛蓝的海。

——三岛由纪夫

储蓄不增与体重不减的理由

众人都认为自己心中的方法正确并深信不疑，因此选择了『思考停止』。

“增加储蓄的方法”与“减轻体重的方法”其实具有共通点。

首先，想要增加储蓄不外乎以下三项方法：

（1）增加收入

（2）减少支出

（3）资产运用

若以月薪实领三十万日元的上班族为例。想要增加储蓄时，那么增加收入就是最容易有成效的方式。若利用周末时间在便利商店兼职，一天五千日元的薪水，一个月下来就可以增加四万日元的收入。

反之，若是月薪实领三十万日元的人，每个月要减少四万日元的支出，就必须锱铢必较才行。此外，想要通过投资等方式月入四万日元也着实不易。即使有相当十个月收入的三百万日元的存款时，想要每个月再增加四万日元（一年四十八万日元）的收益，就必须进行年获利达 10 % 以上的投资。

换言之，若是真心想要增加储蓄时（在确认公司的兼职规定后），就应利用周末的时间兼差。然而许多人未能察觉这点，只是一心想着“想办法节约开销”、“设法利用投资获利”。

为什么呢？归根究底，这些人并未处于迫在眉睫的紧急关头。他们想增加储蓄不是由于急迫需要钱，而是基于“不存钱不太好”的念头罢了。

若是有“下个月前绝对要设法筹到三十万日元”的确定理由时，即使焚膏继晷地工作也在所不惜。其实每个人都心知肚明，“要借由节约开销与投资获利来存钱相当不容易，想要增加存款的话，就必须增加收入”。

减肥瘦身也是一样。想要减轻体重就只有三项选择：

（1）节食（减少摄取热量）

（2）运动（增加热量消耗）

（3）锻炼肌肉（提高身体的基础代谢）

非常有趣的一点是，几乎所有现象都与储蓄的情形雷同。绝大多数嚷着“想瘦”的人，都会采取“开始游泳”、“举哑铃锻炼肌肉”

的方式。然而，能得到最大瘦身成效的却是（1）节食。避免高热量，即美味的食物，光是做到这点就能瘦身。

吃了一碗泡面，就必须慢跑两个小时才能完全消耗掉泡面的热量。因此要透过运动的方式减重可以说是困难重重。此外，虽然锻炼肌肉可打造不易发胖的体质、美化身体曲线，然而，以缓慢速度增加肌肉时，肌肉只会消耗体内储存的少许能量而已，想要借此瘦身，不过是痴人说梦话。

打从心底深信“窈窕的体态决定了人生价值”的部分年轻女性，以及患慢性病、被医生告诫“再这样下去就完了”的中年男子，他们都会选择限制饮食。这是由于他们明了如此做才是最有成效的方法。

然而，绝大多数人并没有到想要减重瘦身到愿意舍弃美食的程度，就如同没有积极到想要增加储蓄因此愿意牺牲周末时间兼差一样。

现今流行的“环保”也是这样。自己泡茶喝不就没有回收塑料瓶的必要了吗？不必应用新型环保车，搭乘大众交通运输工具，不是更有益于环境吗？然而，众人“并没有想要善待环境到这种地步”。众人只不过是基于无法说明的理由、“对环境友善好像不错”，才会在无意识中选择“效果有限但较为轻松的方法”。

然而，人是相当狡猾的生物，绝不可能会主动承认自己“选择效果有限但较为轻松的方法”，顶多以“自己自有主张”来掩盖所作所为。

随处可见想以节约来增加储蓄的家庭、主张以运动来减重的男女、想借由垃圾分类来善待环境的人……众人都认为自己心中的方法正确并深信不疑，因此选择了“思考停止”。

真心想要增加存款的话、真心想要减重成功的话、真心为环境着想的话……我们该做的事其实另有其他。为了不使自己察觉真相而停止思考，只是为了塑造“努力不懈的自己”罢了。

只会叫着没办法没办法。根本没这回事，明明一定有办法，只不过自己什么都不做而已。

——京极夏彦

你的『拥有』是否已经落伍?

减少拥有的事物、『从拥有中解放出来』。

以资本主义经济之基础——“私有财产制”的角度来说，“变得富足”即是“拥有更多事物”。任何事物，包括食品原料、衣服、家电、汽车、不动产、妻子（一夫多妻制的国家）、金钱、公司（生产手段）等，这些财产对象，一旦你拥有的数量够庞大时，便会被认为“富足”。

然而，现今社会却逐渐朝向“不拥有”的时代发展。富足的概念与拥有事物的总量开始渐行渐远，也不难发现“越是富足者，拥有越少”的情形。

举例来说：

· 没有自己的不动产，居住于承租来的房屋

· 无自用车，而是利用租车、共乘或搭出租车

·没有实体书、CD、光盘，而是租借或由 3C 装置上下载

·婚丧喜庆的服装（婚纱、正式礼服、派对洋装）、精品名牌包、出国旅游的行李箱等使用频率低的物品都使用租借服务

·计算机中无应用程序或档案数据，使用可将数据保存于网络空间的云端服务

虽然现在规模还较小，但也开始出现家具、家电等用品的租借服务，想必未来能够花钱租用的物品会日益增多。其实“拥有的合理性”在于“拥有后可以随时使用”。因此，当租借市场日益完善、数字化信息可直接在网上获得时，拥有的必要性逐渐变小也是理所当然的事。

相同的道理也可用于金钱上。虽然“拥有”出售后可大笔进账的田地，但却放着“完全没使用”的高龄者也不在少数。我们真的会对那样的状态心生羡慕吗？钱财真正让人心动的地方是“不仅拥有而且可以使用”。

此外，“拥有”总伴随着风险。在日本的城市中，房屋等空间的保管费用都高得惊人，拥有也意味着“必须维护”。近年丢弃家具、家电等物品时甚至还要支付处理费用，记录孩子成长的录像带，日后也可能因多媒体装置的汰换而无法观赏。

“拥有”的本身其实意味着原始、不甚方便、过度浪费，它的本

质是“确保使用价值的手段之一”。当消费者对于一些物品越来越能“随时随地的使用”时，许多情况下即使不拥有该物品也不碍事。将来，

（1）事物尽可能数字化

（2）事物尽可能云端化

（3）事物尽可能朝租赁市场发展

这种现象若能日益发展和普及，“以往‘租借体系’不完善、想要使用就必须拥有的不便时代”可能将成为过往云烟。

当然人们“基于兴趣而想拥有”和“独占欲”并不会就此消失。换言之，这就是“收藏”了。不过，在将来“作为确保使用价值的手段”的占有应会逐渐没落。

此外，我之所以会有“想要从拥有中解放出来”的念头，是由于我觉得过度拥有，实在过于丑陋不堪。电视上曾介绍过“整理专家”这个职业。高龄父母亲过世后，儿子委托整理专家前往父母家中进行整理；或是在物品与垃圾间无法取舍的年轻人，请求整理专家代为整理房间。

看到这些人的居所，我的内心饱受冲击。先不论近期还要不要住人，那些房间都同垃圾场一样。随着物品日渐增加，房里越显散乱，住户本人若由旁观者角度来看那间房间，不知会作何感想，这点我完全无法想象。

那么，房间只要整理过了就可以了吗？其实也并非如此。“因为东西增加而设法收纳”本身就是错误的举动。物品增加、费了番工夫整理收纳、东西又再度增加……此过程的终点，就是走向灭亡。不论怎样运用巧思精心整理，在有限的空间中，人类的收纳能力终究有面临极限的时候，迟早会有无法整理的那天。

若不想要住在这种房间，别无选择，只有一个解决方式。减少拥有的事物、“从拥有中解放出来”。

“越是贫困的家庭，东西就越多”，或许这样的时代将会来势汹汹。

总是挂在嘴上的人生，就是你的人生。我多怕你总是挂在嘴上的许多抱怨，将会成为你所有的人生。

——竹久梦二

备一点紧要关头『金钱无法买到的东西』

在灾害中真正发挥效果的，或许不是专门的防灾商品。

九月一日为日本的“防灾日”，每年到了这个时期，各种“防灾用品”的广告都会如雨后春笋般冒出来。对于灾害频发的日本来说，或许每个家庭预先做好准备确实相当重要，但许多防灾商品的必要性不仅令人存疑，而且价格也时常高得吓人。

举例来说，“灾害用厕所组”，组合内容包括盖在原有马桶上使用的袋子、消臭药和凝固剂，其他还有组合式的简易马桶、附有小型帐篷的马桶等。这些商品真的派得上用场吗？

一想到避难所人满为患、洗手间大排长龙的景象，这类商品或许的确是重要无比。然而，这些商品该在哪儿使用呢？真正发生灾害时，光是要将厕所组合从自家带到避难所并仅提供给自家人使用，就有一定难度了。此外，若是在家使用，就必须购买更多普通的垃圾袋，问题是要在家使用的话，根本没必要购买昂贵的商品组合，不是吗？

以备不时之需的饮水及粮食也是防灾商品的主力商品，然而即使未购买防灾专用商品，几乎所有家庭的冰箱中都有约两天份量的食物。许多家庭也存放了不少罐头、饼干等零食，而且即使是日本的偏远乡下等地区，救灾物资最迟两天就能送达。

就过往地震等灾害的记录来说，大范围的停水、停电顶多三天。若是灾情严重，停水停电逾三天以上未能恢复时，与其滞留在灾区以贮备的饮水度日，不如先行前往其他地区等待灾区修复，才是明智之举。

兰博刀及野炊炉具也时常成套销售。然而，在灾害时使用不甚熟悉的兰博刀可能会受伤，灾害时特地开伙也没必要。

防灾头巾为“经历战争时期的怀旧商品”。但发生灾害时戴着这个，可以逃到哪儿呢？

由美国太空总署 NASA 开发的超薄、保温力极佳的“铝隔热毯”也是一样，若还有闲暇拿出收起的铝隔热毯，不如穿上每家都会有的毛衣、外套，这样活动不是更方便？

这么看下来，对于多数防灾用品，人们“买了安心”的“守护效果”其实远胜于这些东西的实用性。

在灾害中真正发挥效果的，或许不是专门的防灾商品，而是体力、精神、判断力、克服不便的能力、沟通协调能力等。

紧要关头产生作用的，是"金钱无法买到的东西"。

缺乏明确的输出目标，却为了输入而耗费时间与金钱，我认为这无疑是愚蠢的行为。

FOUR

让工作成为不仅是赚钱，更是圆满人生的乐趣

仕事をたしなみ、未来をつくる

残酷的职场竞争，刚步入社会就要出局吗？

『年轻人，出局』的状况看来是势不可挡了，年轻人究竟该何去何从呢？

日本社会的高龄化走在世界前列。未来的日本社会将是世上绝无仅有的独特社会。

“高龄社股份有限公司”是以高龄者为对象的人力派遣公司。他们将由工作岗位退休的六十到七十岁高龄者，派遣至大型企业的营业所、简易加工厂、客服中心等，这些公司自设立以来，业绩就一直持续增长。

另一个例子为日本的童装品牌“Jippon”。除了受本国人欢迎外，在来日本旅游的中国观光客眼中，也因“高质量的日本制童装”而大受欢迎。缝制这些童装的幕后功臣，是打从年轻时起，就在经济高度成长时代初期的裁缝工厂中工作，现今约六十岁左右的主妇，她们在自己的家中操作工厂用缝纫机来进行家庭代工。

诸如此类，高龄者开始再次踏入劳动市场。除了都市、学校周围的街道外，便利商店、餐饮店中，高龄工作人员都日渐增加。想必许多人都察觉到了这个现象。这种情况的发生和发展的原因有以下几点：

（1）劳资双方满足于低廉薪水

高龄者基于“不希望年金减少”、“只在除家事以外的剩余时间工作”，因此仅期望每个月薪水约十万至十五万日元左右。年轻人将这种薪资水平称为“工作贫穷”（working poor），因为这种水平，“不能结婚也养不起小孩”，只能达到让人抱怨、不满的程度。然而对于用退休金还清了房贷并且拥有每个月年金基本收入的高龄者而言，却已经是相当丰厚的金额。

（2）高龄者对单调工作无任何不满

“虽然是单调无趣、时常都是个人单独作业的工作，但高龄者都毫不厌烦、认真工作”，这是雇用高龄者的企业所做出的常见评价。

年轻人眼中“完全与升官无缘、毫无未来的单纯作业”的工作，对于高龄者来说却是体力上恰到好处的工作。此外，高龄者不会提出“升迁机会”等令雇主头疼的麻烦问题。

（3）高龄者经长年职业训练，拥有高社会技能

多数高龄者都曾是公司的正式员工，已有四十年的职业历练。年轻人想要经由训练来获得相同程度的技能及经验，着实不易。不须特别指示，重新开始工作的第一天就能与顾客沟通无碍的高龄者，对雇

主而言无疑是不需培训成本的珍贵劳动力。

（4）顾客也是高龄者居多

往后顾客中的高龄者也将日益增加。高龄者常因快餐店里以片假名*写成的菜单而降低点餐速度，虽然无恶意但却无法理解为何点餐速度慢的年轻店员，和自身也为此现况感到困扰的高龄店员相比较，是前者还是后者比较能够发挥“让顾客愿意再次上门的待客技巧”呢？高龄店员可以带来比较高的营业额，这点是相当明显的。

此外，“高龄社”的创办人本身即是高龄者。我时常觉得“高龄者市场有极大的商业潜力，然而年轻人却无法理解、未能抓住商机”。然而现今，有切身感受的高龄者已经自己挺身而出、着手创业。

往后年金将很难再有所增加，这样势必会有更多抱着工作意愿的高龄者投入劳动市场。虽然有人说：“都是为了稳固中高年职员的工作，年轻人才被迫屈就于非正规雇用的劳动关系中”，然而照这样的发展趋势来看，未来岂只是正式职员，连派遣员工、家庭手工、兼职等，都可能对年轻人关上大门。

“年轻人，出局”的状况看来是势不可挡了，年轻人究竟该何去何从呢？

*译注：直接将英文翻作日文时，多使用片假名表示，不熟悉时不易读。

『无奈选择』下焕然一新的人生

现在出于无奈选择的牌，
将来可能
会开出大奖也说不定。

一九九五年至二〇〇五年左右的十年，是日本的“就业冰河期”。之后几年虽然情况略有改善，但二〇〇九年后又再度落入就业冰河期，且难以在短时间内完全恢复正常。许多企业即使业绩稍有起色，也鲜少考虑增聘日本国内的正式员工。

如此一来，往后在大学毕业生的就业市场中，能找到满意工作的，就只有高偏差值（成绩高于平均值）的学生，或在体育竞赛、义工等课外活动表现出色的学生。因此一定比例的大学毕业生就必须选择“以正式员工的身份受到稳定发展的企业雇用”之外的道路。

在我看来，明治维新以来的数百年，是年轻人以下克上的大好机会。当社会安定时，武士、农民等各司其职。同样的道理，当经济持续成长时，一流大学的毕业生进入一流企业、二流大学的毕业生进入二流企业、三流大学的毕业生进入三流企业，这种顺序遵循固定模式。

然而，当“获得企业雇用”的这条路变得极为狭窄时，势必会有年轻人被迫选择其他道路。例如：

（1）放弃“获得企业雇用”，考虑创业、自营维生。

（2）学习年轻人限定（高龄者无法从事）的事物。

（3）前往经济持续成长的中国、印度等海外工作。

这些是可以想见的结果。年轻人萌生将来自己开间餐饮店的念头后，在准备创业的同时也在相同性质的其他餐厅兼差；或是为了获得工作机会，拼命学习高龄者不擅长、年轻人拥有压倒性优势的 IT 技术及外语；此外也有人持续摸索能否在海外找到工作等生存之道。

一般人都追求安定的平稳生活。因此若能以毕业生身份获得企业录用，那么多数人都不会考虑自行创业、前往海外工作等。并且，在找到工作后大部分的人便会停止思考、而不是主动对待工作。

不过，当就业越来越困难时，有人就会放弃依赖组织，抱着必死的决心找寻维持生计的方式。这种饥渴的精神，也有可能在时代转换的背景下，得到意想不到的结果。

这么一想,毕业生面临不景气时代的就业冰河期,并不全然是坏事。**“因找不到工作而无可奈何选择的路”，可能在将来产生“当初选了这条路真是太好了”的结果。**

因此，即使就业冰河期还会再持续十年左右，我仍认为日本的未来一片光明。人生在世的漫长时间里，世界与社会的转变可能远超出人们的想象。现在出于无奈选择的牌，将来可能会开出大奖也说不定。

静候“不幸转职成为福”的那天吧！

跟平庸的薪水说再见

我认为成功的创业者获得财富是理所当然的事。

资本主义的世界由“需求与供给”决定。换言之，为了增加薪水，就应选择“供给少但需求高的领域”：

（1）学习多数人不具备的技能

为了在供给（＝替代劳动者）少的领域谋得工作，就必须积累不同于他人的经验、学习他人不具备的技术。选择与旁人走上相同的道路，投身于供给过剩的人海中，无疑是愚蠢的行为。当拥有相同技能的应征者难以计数时，企业自然可以用低价买进大量劳动力。

然而，将时间与金钱投资到与世人截然不同的领域，却是件极需要勇气的事情。就父母的角度来说，父母往往比孩子本身更为保守，强烈希望孩子选择和众人相同的路。因此那些勇敢选择“不同于他者”、承担高风险的人，才得以获得高报酬，这称为“逆势”。

（2）具备社会要求的能力

虽说要拥有其他人罕见的技能，但若是苦练像让西瓜籽飞一百公尺远的这类技能，也难以寻获高薪工作。社会不要求的能力＝不需要的能力，即使拥有这类能力也无济于事。

不过，想要预知社会未来的需求谈何容易。现今，早有许多人以社会目前需求的能力为目标，而努力学习，将来的供给势必会大幅增加。因此预测“将来社会需求的能力”并先行准备，这才是真正必要的关键。我将此称之为“**洞察先机**”。

我认为成功的创业者获得财富是理所当然的事，因为他们将承担逆势的风险，并且需要洞察先机（就结果上来说）。

支撑日本制造业发展的厂商，其技术者的高工作价值毋庸置疑。然而，就需求的角度而言，他们的低工资也是难以避免的结果。他们并未担负“不同于他人”的逆势风险。想要挤进知名大企业窄门的人难以计数，并且不限制造商，然而绝大多数日本大企业至今都不晓得已经缩减了几成月薪，这些应征者仍是前仆后继。

此外，对于接下来的世界将如何改变、将来自己需要哪些能力，多数员工会放弃自我预测、将这种思考全权交由公司和组织决定，依“公文”而工作。未能采取逆势或洞察先机的行动，薪水自然就只能依雇主的想法来决定了。

当国家经济成长、产业获利时，薪水每年都能有些许的增加。然而，当公司业绩下滑时，对于只能顺势而为又后知后觉的员工，不论增减，也只能全盘接受公司提供的薪水了。

想要使将来的薪水逐渐增加，就必须采取不同于他人的行动（＝逆势瞄准供给稀少的领域）、选择自己觉得“就是这个了”的领域（＝以洞察先机预测将来高需求的领域）。若你认为“大家都一样就没问题，放心吧”可以通用于接下来的时代，那你就大错特错了！

请做些不同于他人的惊人之举吧！

为何不做自由高薪的金领族？

与『诚实好孩子』完全无缘的孩子中，才可能会有金领族的出现。

经营学者Robert Earl Kelley曾在《The Gold-Collar Worker》(Addison-Wesley，一九八五年)中，提出“金领族”（Gold-Collar)的概念。

产业革命以来，在第一次产业革命到第二、第三次的转变期间，出现了蓝领阶级和白领阶级。相对以往占绝大多数的农民，蓝领族和白领族代表的则是工厂内的体力劳动者和在办公室中进行文书工作的人。

接着登场的就是金领族，其特征为“人生的活动距离比他人压倒性地长”。

举例来说，蓝领族从家乡的高中毕业后，前往邻近区域工厂工作，在附近小酒吧与未来配偶邂逅、共结连理，孩子也就读于家乡的学校。

他们人生的活动范围，仅限于半径约五十公里的区域。

接着，来看白领族。白领族成长于日本北陆的金泽，前往东京读大学，工作后被分派到大阪公司，他们在半径数百公里的区域内活动。

金领族的活动范围则多达数千公里。先前我在杂志上看到一位美国投资银行的首席分析师，他成长于中国乡村，在清华大学取得工学院博士学位后，又拿到了美国哈佛大学的经济学博士学位。他曾任职于国际组织，现在则效力于美商投资银行，同时还兼任中国政府的顾问。他那惊人的“人生的活动距离”，就是金领族最明显的特色。

日本人中也不乏金领族。成长于日本乡下却在美国大联盟活跃的棒球选手、从小到大都在日本之后在硅谷创业的创业家、横渡亚洲在泰国和越南等地工作的海外工作者等。此外，也有从小就以音乐家为目标而在欧洲接受教育的孩子。近年来即使只是普通人，也有不少学生以国外大学而非日本大学作为升学目标。

人生舞台的半径比别人高了一个等级，这就是金领族的特征。

此外，“没有受雇于任何人”也是金领族的特征之一。即使他们形式上受公司雇用，但他们基于自主意识选择工作而频繁转职，有时也会自主创业。每天的工作由他们自行衡量，以进度、成果作为评断标准。对金领族来说，自己就是上司。这是金领族的第二个特征。

那么，在数十年的产业发展转变期中，想必也有家庭是：长男是金领族、次男是白领族、三男继承家业。不过，再过了三代后，可能出现“父母兄弟姐妹都是金领族的家庭”，也可能是“整个家族没有任何金领阶级的家庭”。虽然速度缓慢，但现今社会的“白领族家庭”，的确正朝向“白领族家庭”与“金领族家庭”分化发展。

想要将自己的孩子培养为金领族，该怎么做才好呢？

想必许多为人父母者无不想着“要培养我的孩子考上好大学、进入大公司”，因而支付昂贵补习费、让孩子接受大大小小的入学考试。然而，这种方式其实只能让孩子成为白领族而已。

想要让孩子在国际社会中活跃，是否只要学习英文即可呢？这也不全然如此。因为当孩子是“应父母要求而去英语补习班上课”，充其量不过是个“遵从指示而行事的人”。

会成为金领族的人，无一不是自行选择人生道路的人。他们从小就因“不同于他人的言行举止”而获得赞赏，即使语出惊人，也依旧获得肯定。金领族是成长于这种环境的孩子，也即与“诚实好孩子”完全无缘的孩子中，才可能会有金领族的出现。

能认同并支持每个孩子与众不同的社会、学校和家庭，才是能培育出未来金领族的土壤。

在求胜最初要选择可以『获胜』的地方

『选择最可能获胜的职场就业』并非逃避行为，而是项实际的策略。

“三十岁年龄段的工作表现杰出者”为数众多，然而“四十到五十岁年龄段的工作表现出色者”的人数则稍微逊色。

一般公司的组织是越高层职位越少的金字塔结构。换言之，随着年龄增长，被赋予有意义工作的人数会呈现反向递减。然而日本的组织属于终身雇用制，不可能因未承担重责大任，就将该员工予以开除。因此就衍生出“设法做些工作好继续领薪水”的情形。

“被分配到的工作”，想必都很索然无味。但四十到五十岁的人因背负房贷、孩子教育费用，还得为自己的退休作准备，即使工作呆板单调，也绝不可能轻易转职。于是才会出现做着无趣工作、等着退休日子到来的中高龄员工。

反之，虽然寥寥无几，但也是有“四十到五十岁年龄段的工作表现亮眼的人”。他们是身处金字塔顶端的极少数族群。若是自己也想跟他们一样登上高峰，应该怎么做才好呢?

不要进入蓬勃发展的大企业与一流企业，就是最好的方式。当你费尽所有可能的努力、好不容易如愿以偿进入梦想中的公司，在获得录取通知的那刻，虽然欣喜若狂、高兴得宛如飞上天般，但同时你想要进入该组织金字塔顶端的可能性已经微乎其微了。

反观进入业界敬陪末座的公司、在乏人问津的领域白手起家，许多人却因此过着别具意义的职业生活。

举例而言，许多人在学生时代因未认真念书而留级、从不曾听过的三流大学毕业，当然也没能进入一流企业，然而踏入社会后，他们却异常活跃并创造了众人始料未及的成功。他们的经验与技能，随着年岁的增长会更加充实、丰富。

若以企业为例。近年来备受瞩目的印度市场中，汽车业界的龙头为日本铃木汽车（Suzuki）。敢在早期就奋不顾身地踏入前景不明的国家，对企业来说无疑伴随着巨大的风险。铃木汽车在日本、美国、欧洲市场不敌丰田汽车及本田汽车，而同属发展中国家的中国，也早就是世界一流企业虎视眈眈的市场。在“确保可以成为龙头的市场”的前提下,铃木汽车选择进入其他一流企业不愿承担风险的印度市场，即使发展情况恶劣也不轻易退缩、持续努力，才有了今日印度汽车业龙头的地位。

或许这也可被称之为“不按牌理出牌”的战略，但其实也是“放弃无法获胜的市场、在可能获胜的市场决胜”、“选择竞争对手稀少的领域而获胜”之作战方式。

在求职的毕业生中，想必绝大多数人都以“令人憧憬的一流企业”为目标。然而，作为“几百人中的一人”而进入大企业工作，未来前程似锦的几率也就降低了不少。**求职时未获得录取，不代表人生就此结束，此时才是真正的开始。**“选择最可能获胜的职场就业”并非逃避行为，而是项实际的策略。与其走进“朋友惊呼‘好厉害’的人气企业”，不如选择“为什么要去那种公司”的地方，后者也许更能有成为“鸡头”的机会。

若是打从一开始就以此为目标、进小公司后努力工作，比起在求职时挤破头进入大公司，自己所付出的努力不也更容易获得回报？

选择“可以获胜的地方”，是在求胜时最初也是最重要的关键。

在求学和工作中做好不浪费人生的选择

即使世上少了个只是一味进行输入的人，也不会有太大的差异。

向高喊着“我想要成长”的人询问“成长后要做些什么”时，对方可能会发出一声“咦”并且面露狐疑。

没有明确成长目标但仍盲目追求成长，其实与“虽然没有特定目的，不过就是想存钱”的人并无太大差异。难不成，人在临死前看着存款簿上的庞大金额就会感到幸福吗？同样的道理，在临死前感到“自己已成长许多”会让人心满意足吗？

以想要买房子、想要来趟旅行等这样的目标为前提而采取的储蓄行为才有意义。成长也是这样。因“成长后我就可以怎样怎样”而开始追求成长，成长的本身也才有意义。

我个人在日常生活中，会特别留意“输入与输出”的平衡。

举例来说，阅读他人的博客为输入、在自己的博客上发表文章为输出；念书为输入、将所学知识运用于工作上为输出；练习棒球为输入、比赛时为输出。

我在踏入社会工作后又重回学校攻读研究所时，才开始意识到这个问题。若是大学毕业后马上进入研究所，就相当于“从小学开始就持续输入”。然而，先有工作经验（＝得以输出的场所）后再重回研究所（＝输入的场所），我才留意起“这个输入有什么用呢”？

缺乏明确的输出目标，却为了输入而耗费时间与金钱，我认为这无疑是愚蠢的行为。以前我因“总之就先学好英文”而用功念书，但现在我觉得只需学习工作上及个人兴趣（自助旅行）所必要的英语能力即可。多余的输入，其实都徒劳无功。

在众人普遍都是国中、高中毕业就开始工作的时代，输入的量其实相当有限。现今念研究所的学生日益增加，输入的年数也相对倍增。个人因输入增加而得以推动技术革新，日本经济才会实现高度成长。

对曾经的企业来说，“工厂＝制作物品的输出场所”，现代则增加了“研究所”这个输入的场所。研究所是“为了使工厂输出更优质商品”的输入场所，这就是研究所的存在意义。然而现在，“研究＝输入”本身却成为一种目的、“投入巨额研究费用，却没有任何新产品的公司”也不晓得从何时起悄然现身。若是在经济成长时代，“与输出无法产生连结的输入成本”可由企业自行负担。不过现今，无法为社会制造“新价值”的企业往往难逃被淘汰的命运。

对企业来说，最重要的关键在于输出，日本的经济成长也是以大量高质量的输出为基础，这是理所当然的事。若是毫无输出却持续输入的人逐渐增加，将来必是一片黑暗。应用在个人身上也是相同道理。净是念书而毫无生产力的人与日俱增，社会经济自然不可能持续增长。

从事自营业的友人曾抱怨过“几乎没什么成长机会”。的确如此，当自己创立事业时，往往被输出紧追在后，难以腾出输入的时间。尽管如此，“只有输出”仍是远远胜于“只有输入”，因为即使世上少了个只是一味进行输入的人，也不会有太大的差异。

在求职、转职时，也会被面试官问：“你可以输出什么呢？”即使在履历表上洋洋洒洒写满辉煌的学历并且展示很多的证照，以展示“我有这么多的输入”，但“那些输入背后，有哪些输出呢”才是问题的症结所在。

真正重要的并非输入，而是“连结输出的输入”。

以『减少工作时间』取代『做更多』

未能减少工作时间，
就无法尽早完成工作。

我曾拜访过一间位于巴西、与日裔移民相关的博物馆。在那儿看到“日本移民出现前，巴西人认为‘增加收获＝增加农地面积’”这样的表述，经讲解说明后得以了解，日本移民“将‘在相同面积的农地上增加收获的方法’带入巴西”。换言之，日本移民将“土地生产力”的概念引入巴西农业。

想要让收获倍增十倍就要耕耘十倍的广阔土地，不仅土地面积增加，肥料、种子、水的用量也势必增加十倍。不过，如果利用品种改良、设法驱除病虫害等方式，就可能在相同面积的农地上增加十倍的收获，此方法绝对可以压倒性地提升效率。那么为何巴西农业缺乏提升土地生产力的概念呢？

“巴西国土广大、日本国土狭小”是最主要的理由。作为农业中极其重要的“输入要素”之一的土地，在日本是相对稀少的资源，绝大多数的自营农家也难以自行增加耕地面积。因此，他们必须思考如何在固定土地上增加收获。对于日本人来说，这是理所当然的事。

然而反观巴西，由于辽阔的国土面积远超出想象，造就了巴西人心中“想要增加输出，就增加耕作面积（＝输入）即可”的想法，因而使他们忽略了提升土地生产力的必要性。

借由这个例子，我们可以了解“**当输入未受到限制时，人就丝毫不会去思考、设法提升生产力**”。

对于人们来说，“时间”是明显受到限制的输入因素。每个人的一天都是二十四小时，所有人终归一死，要控制人生时间实属困难。然而，不同的人在人生中达成的成就（＝输出量）则有着显而易见的差异。这是由于“同一时间单位里生产力不同”的缘故。

许多人都在追求的“如何提升工作效率”、“如何在更短时间内交出更高效的成果”这种使“单位时间生产力”最大化的方法，我从巴西的移民博物馆中获得了解答。

当苦苦思索“提升生产力的方法”却遍寻不到答案时，只要限制输入即可。如同土地资源丰富的巴西提升土地生产力未果的例子，当时间充裕时，自然不会产生要增加单位时间生产力的真实意识。

例如，打从一开始就抱着“尽可能做”、“即使熬夜也要设法完成”、“总之就加油吧”的想法时，想要提升生产力可说是机会渺茫。“不设限地投入必要时间”，其实与为了获得收获而增加耕地面积是一样的思维。

反之，当工作时间未有任何增加时，人就会转而思考提升生产力的方法。必须在今天傍晚前完成的工作，昨天零进度、到今天才开始动工，也没有加班机会时，就只能在期限内绞尽脑汁。

如此一来，人就会先行决定哪些是不必要的工作，并且划分工作的先后顺序。在工作方法上自然也会煞费苦心，设法提升效率。

想必也有人时时都是如此，将这种方法当作习惯。怀着“工作到最后一刻”想法的人，与“工作时间受到限制”的人相比时，两者间的努力程度将会有明显差异，由巴西与日本农业的差距可见一斑。换言之，以减少输入的实际行动取代仅在脑海中勾勒的空想，才是最为重要的关键。

反之，未能减少工作时间，就无法尽早完成工作。一般来说，当工作无法完成时，越是属于个性认真的人，就越想要延长工作时间。然而，伴随工时增长，生产力却是不增反减。

生产力相当于“输出／输入”的计算比率。当分母“输入＝工作时间”增加时，生产力（＝工作效率）就会呈反比下滑。因此，以“减少工作时间”取代“做更多”才是提升工作效率的不二法门。

先看自身资本再来考虑如何『建立人脉』

人脉与网络社群都是『会跟随结果而改变的事物』。

有段期间，商业杂志上时常出现“人脉与网络的重要性”的特别报导，让推特和SNS（社群网络服务，Social Networking Service）的普及与存在备受瞩目。在现实社会中及网络社群里，“如何增加朋友”也是个惹眼的话题。现在仍不乏“参加不同行业交流会”这类传统建议，许多杂志也都以特辑的方法，将所有相关秘诀整理得井然有序，例如增加推特订阅人数的方法、将社群网站活用于商业活动等秘诀。然而，我个人对于这些报导都持高度怀疑。

在座谈会上，没有人提出任何疑问；等到讲师走下台准备离场时，上前交换名片的人却蜂拥而上，这种情况屡见不解。在联络感情的餐会活动上四处奔走、收集名片的人也大有人在。搜集名片已成了提到“建立人脉”时脑中必然浮现的手段。

千方百计、费尽工夫地想要增加自己推特的订阅人数、为了营造网络社群繁盛热络的感觉而苦心经营，但仔细一想，这种类型的人没有与任何人交谈，只是一味盯着计算机与手机的画面罢了。

此外，有人因“与异业人士交流可以扩展视野”而积极参加各种座谈会与交流会，然而真正与在场人士面对面谈话时，却又遍寻不着话题。其实即使并未特地参加任何活动，在日常生活中尽可能主动与他人闲谈，你的视野也会因此而逐渐宽广。丝毫不需要为了建立人脉，而去参加日常生活以外的特别活动。

追根究底来说，在工作与自我实现上，人脉与网络真的可以发挥巨大的助益吗？

我所能想到的“人脉重要无比的工作”，大概也只有保险业务员了。

与其人脉宽，我认为不如设法具备个人魅力。**魅力十足的人周围自然而然就会聚集人群，想要建立人脉完全不费吹灰之力。**与“我去认识很多人”相比，“很多人来认识我”的状态才更具高效。

人脉与网络社群都是“会跟随结果而改变的事物”，因此并无特意费尽千辛万苦努力构造的必要。不如将这段时间用在发展自己喜爱的事物上，以成为该领域“极具魅力”的人为目标，想必更能对自己的将来有所帮助。

只要朝着正确的道路坚持走下去，不管途中遇到怎样艰难痛苦的事，攀登高山也好，爬下陡坡也罢，都能一步步地靠近幸福。

——宫泽贤治

给无能者的四个建议

即使看似绕了远路，
但尝试下就有助于提升
能力的直接方法才更具价值。

（建议1）缺乏思考能力者，就设法积累信息情报！

若你觉得自身的思考能力不佳时，就先设法搜集信息情报。但是，得手的信息情报不要轻易透露给他人。

特别是具备公务员身份者，对于某些详细调查资料，绝对不可让普通民众知晓。当这类资料公诸于世时，问题并不在于揭示了自己与普通民众之间的差距，而是“拥有的情报信息量”将不再是个秘密。而且那些信息本来就不是因自身力量而拥有，是由许多政府顾问组成的智库那儿获取的资料，因此难以避免会遭受“怎么回事？为什么你能独占资料？”的非议。因此，千万不可让情报外流。

（建议 2）工作速度缓慢者，就以增加工时来弥补！

当自觉自己缺乏高工作效率的能力时，就应该寄望于“毅力”及“长时间工作”。若能拥有这两项武器，或多或少也可以更接近于那些真正能力出众的人。

当他们在就寝休息时、当他们在享受人生时，你都要继续工作。此外，要在正常时间以外长时间工作时，“精神论”是个相当重要的关键。遭遇挫折、即将被压力击垮时，就念些“这个工作有益于整体社会”、“少了我，部门就无法正常运作”等咒语来自我激励吧！

（建议 3）缺乏想象力者，就使用一句话的批评性评论吧！

想要被他人视为无可挑剔、具备完美提案能力者时，不论当下的场合、事物，自己有多么看不顺眼，都绝对不可滔滔不绝地进行冗长批判。越讲越多时，就会暴露出自己不具备逻辑能力、缺乏构筑论点的能力。

只简单以“那是个人主观意见”、“前提条件不对”来评论，就不失为好方法。以这种暧昧不明的话语提出评论时，由于对方时常也未能真正了解话中涵义，自然也就无法有所辩驳。

这个方法在与初次见面者的会谈中特别有效。由于是首次见面，对方也不会知道你总是使用这种没建设性的简短评论。

（建议 4）感到不安时就阅读自我启发题材的书，或是持续购买！

当心头袭上“自己是不是能力不足”的不安感时，就请阅读与自我启发相关的书籍吧！在阅读这类型书的同时，也可以意识到自身的问题。

即使未实际阅读，光是买下自我启发题材的书籍也是令人感到安心的方法。尽管读过数本类似书籍却仍感到不安，就请继续购买新书吧！比起实际阅读，多数自我启发类的书籍在购买时总最能让人感到安心。

四点建议在此告一段落。以下是我站在反面角度想传达给各位读者的信息。

人是非常软弱的生物。**当因为自己缺乏能力而发展不顺遂时，经由学习与训练逐渐提升实力，才是真正的解决之道。**然而多数人都对此视而不见，宁可选择增加工作时间、以他人敷衍了事的赞美评论作自我欺骗、或者逃避自我而遁入启发类的书籍等。

其实这些方法对于解决问题完全无济于事。而且，多数场合下，那些“想要设法隐瞒自己毫无实力的态度”，看在周遭众人的眼里昭然若揭。

即使看似绕了远路，但尝试下就有助于提升能力的直接方法才更具价值。想要变成“具有能力的人”，除此之外别无他法。

正确获得建议的方法

使对方充分理解

『自己与当事人的差异』后，

对方才能给予适当的建议。

感到彷徨无助、左右两难无法下决定时，人们时常会向他人寻求建议。此时该怎么做，才能获得真正有益的建议呢？

（1）务必以疑问的方式提出各个选项

当针对某事寻求他人建议时，对方首先会考虑“这个人希望选择哪一个”？

对于绝大多数的烦恼，本人心中其实早有答案。对方的任务就是要指出“你看，你不是心里有底了吗”，而非以当事人没想过的答案来进行游说。

因此，若以寻求转职建议的情况为例，当被问起“那家公司一直极力邀请我跳槽，我该过去吗”时，大部分的人都会以“这样啊，既然人家那么有诚意，为何不认真考虑看看呢”作答。若被问到“我该不该拒绝呢”时，也是顺势说：“嗯，还是不要以半途而废的心情做决定比较好耶。”

给予意见者会“优先考虑当事人的喜好”，当感觉到“他似乎比较偏好这边”时，建议也就会偏往相同方向。即使认为答案理应是要朝反方向去，但会给予无视当事者意见、以个人意见为主的人，还是少之又少。因此，想要获得真正有益的建议时，就应该将选项并列、以疑问的方式呈现。

（2）重要的是让对方理解自己

多数场合下，想要与他人商量讨论的事物，几乎都没有所谓的正确解答。顶多只有对特定人在特定时间的最佳解答。该转职去 A 公司？还是该继续留任 B 公司？解答会因个人的性格、思考方式、时机与家庭状况等因素而异。

因此，获得有效建议的重要关键在于，让对方确实了解“自己是什么样的人、现今情况与身处的环境”等。没有理解这些背景资料，就不可能会斩钉截铁做出“不管是谁，去 A 公司就对了”、“二十岁、三十岁都不打紧，就选择 A 公司吧”这类建议。

当试图与他人商量问题时，建议将问题进行开门见山地简洁说明，剩下的时间就用来让对方理解自己。自己是个什么样的人、因何而高兴、为何感到不安、喜好什么事物等，以及现在自己为什么感到困惑、不知所措。使对方充分理解“自己与当事人的差异”后，对方才能给予适当的建议。

对当事人一无所知时，对方自然只能说出：“对像我这样的人来说，这是最适合的答案。”然而，这般建议仅在双方属于完全相同类型时才有效，否则对当事人来说可能丝毫派不上用场。

（3）最后让对方说出自己的意见

与他人商量的过程中，对方会针对“被问到的问题”进行回答。反之，对“未被问到的问题”就不会多着墨。然而，当事人真的问了该问的问题吗？其实，问题本身才是关键所在，当然更应该以与他人商量取代擅自作主吧？

换个角度也可以这么说，商量对象心中“被问到而回答的答案”及“我觉得好像该跟你说的事情”，究竟哪一项拥有较重要的可能性呢？

举例来说，当提出“我正准备进修博士，先前曾相当照顾我的K教授正巧要去其他大学任教，我在考虑是否要一起过去。不过，以研究环境来说，现在的大学仍是略胜一筹，我的家人也比较想要住在现在的大学附近。还是干脆换个项目，但还是继续留在现在的大学呢？

我为此烦恼不已”这样完整的问题时，对方想必可以提供有益的建议。

不过，若是你在最后说出：“谢谢你。你还有其他想表示的意见吗？与我跟你说的完全呈相反立场也没关系哟”，对方说不定会跟你说：“不过，你有考虑过博士课程以外的选择吗？文科要进修博士可是相当困难的事。这你了解吗？你有做好觉悟了吗？”对方最后这番建议的价值，无疑比“先前就准备好的问题解答”高出许多。

此外，商量对象往往比当事人拥有更渊博的知识及丰富的人生经验。面对当事人的问题，商量对象给出的答案仅限于自己个人知识中“提问者可以想见的范围”。

不过当提问者主动提起“还有什么其他的意见吗？任何方面都可以”时，对方就会从自身经验及见识中，主动找寻“最有益于提问者的信息”。因此，请舍弃自身可以想见的问题，以确保听取“对方认为重要的关键”、“对方觉得该表示的意见”。

既然难得可以获得他人建议，自然也该多下点工夫、尽可能获得更多有益于自身的忠言。

怀着平静的心情长眠于新生的绿草丛中，夕阳之光如此美丽，我正慎行，不虚度光阴。

——种田山头火

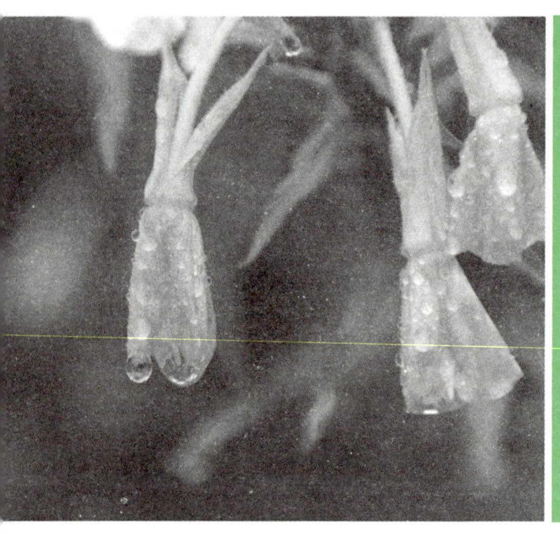

向『有能者』迈进！

真正无所不能、完美的人，事实上绝对是少之又少。

不论身处何种职场，都少不了“能力佳、表现好的人”。他们是众人口中“好厉害”的对象。对于有能者的类型，以下让我以计算机的知识来分类比喻：

（1）最新核心处理器且高转数

这类型的人拥有超高速思考及理解能力，面对复杂难解的问题能迅速理解应对。近来许多人也具备了可以在短时间内同时处理多项工作的能力。

（2）大容量硬盘

这类型的人拥有庞大数据及藏书，数据内容丰富多样，但受他人请托要找寻资料时，需耗时费力才能找到必要数据，因此会收到“应把藏书与数据分门别类整理”等建议。

（3）暂存内存容量高

看过的数据、眼前的所见所闻等都能清晰记忆，珠算和圆周率背诵更是擅长的独家本领。不过睡了一觉、隔天早上起床后，脑中就一片空白，所以时常需要彻夜临时抱佛脚地准备考试。视力佳、玩电玩游戏的反应快速。

（4）高规格显示适配器、高质量的大屏幕且高亮度

任何事物都能以图像简易明了地说明。换言之，这种人就是被称为“高简报能力的人”。擅长随时切换且说明多个简报。不过，可能会被高规格核心处理器的人在背地里说：“就只是个简报能力好的家伙”。

（5）大尺寸键盘易于使用，按键独立

总之，就是输入飞快。而且大量输入时也不易疲累。在阅读数据、读取大量数字等作业上，只需他人的一半时间就可完成。长篇论文也是瞬间就能撰写完毕，让众人啧啧称奇。

（6）通讯环境与网络齐全

拥有各式各样的数据源，随时可由专家那儿获取必要的情报信息。当有不了解之处，只要在推特上推文，即可获得来自四面八方的解答、指示。本人虽然没有任何书本与资料而身轻如燕，但紧急时刻的信息

搜集能力惊人。

（7）扩充空间完善

现在的实力虽然不值得一提，但未来成长潜力无限，端视努力与资金而异。地位与实力可能会一鸣惊人。

（8）预载丰富多样的应用程序

拥有各式证照与专业工具。多才多艺，履历表的专长字段几乎写不下，数量之多，可能连自己都忘了自己有哪些技能。此外，还有许多不知作何用途的证照。

（9）大容量电池

总而言之，就是相当坚韧。可以连续多日彻夜不休，同伴都已精疲力尽时还是精神奕奕。即使在无暇吃饭的极度忙碌时期，也能减少身体活动、巧妙切换进入省体力模式，相当擅长体能管理。

（10）支持部门完善、厂商延长保修

无论发生任何事，只要打个电话回家就能顺利解决。服务电话二十四小时全天候无休。生病、受伤时，也能在妈妈的细心照护下而迅速康复。

令人赞叹“好厉害”的人，其实可能仅是核心处理器转速快、电池容量大而已。但许多人懂得善加利用自己的强项，因此塑造出整体都“能力佳”的假象。真正无所不能、完美的人，事实上绝对是少之又少。

何不想想“自己该以哪方面决胜负呢”？对核心处理器缺乏自信时，还能以电力持久的体力决胜，或是磨练自身简报能力以掩饰其他不足，请针对擅长领域，以“有能者”为目标向前迈进吧！

敢于走前人没有
走过的路的拓荒者，
永远是不朽的。

——武者小路实笃

事 实 是， 自 己 不 是 特 别 的 存 在， 也 没 有 特 别 的 人 生。

FIVE

零压力的快乐生活

ストレスフリーで楽しく過ごす

美食与人生都不可辜负

决定『我要吃美食』的最佳年龄为三十岁左右。

世上有的人“对于饮食并无特别要求”，不过对我来说，“饮食”几乎与生活具有同等程度的重要性。话虽如此，我并不会想要尝遍知名餐厅的餐点、订购高价食材，也没有收藏红酒的习惯。重要的并非“信息”，而是“味道”，没有实际接触感受（或是没有看到价钱），也不知道美味与否的食品，对我来说都不需要。

此外，电视节目也在大力宣扬“有益身体”的食物，但其实“美味”才是食物的基本。有益身体但味道不佳，就不符合作为食物的最低条件。

持续食用“有益身体的食材”或许可以长命百岁。然而，“称不上美味（但有益身体）的食材持续吃一百年的人生”，与“美味且喜爱的食材持续吃五十年的人生”，你觉得哪个比较好呢？对于“称不上美味的食材持续吃一百年的人生”，我认为根本是一种痛苦的修行。

从食物中感受到美味的幸福，是具有极高程度的幸福。平和健康、精神安定、与共同享用餐点者之间的亲近关系、游刃有余的时间、新鲜食材和适当调理技巧、最低限度的经济能力等，人在这些条件都完备时，才得以快乐地享受美食。少了上述任一条件，餐点就不再让人感到美味，因此“享受美味餐点是件极其幸福的事情”。

经济不甚宽裕、忙于工作而无法有充足的时间吃饭……这类型的人并不少见。对于这种人，我建议他们定期安排“悠闲美食”的时间，如“每周吃一次美味餐点”，或是“每个月去一家颇受好评的餐厅用餐”。

只要享用喜爱的食物即可，即使是“在香喷喷的白饭上打颗蛋”，或是“住家邻近餐厅的印度咖哩”也无妨。举例来说，我特别喜爱“白饭”，因此时常留意哪些配菜“可以增添白饭的美味”。为此，我最常去的地方是百货公司地下街。百货公司的地下食品街为各地名产汇集之处，可在此依个人喜爱寻找“当季”的美味食材。我曾在百货地下街试吃到号称“日本第一美味的明太子”，的确是令人难以置信地可口，“这相当适合配饭”，所以我立刻就购买了。

有喝酒习惯的人也可以“找寻最适合的下酒菜”，喜好辛辣食物、偏好高油脂食物、对鱼类情有独钟等，依个人喜好在百货地下街待上一小时，绝对可以遇见心目中的理想食材。

虽然百货地下街的食材较超市昂贵许多，但与餐厅相比之下仍便宜不少。而且还可以向贩卖人员询问料理方法，也可以请店家代为处理整条鱼，因此我认为前往百货地下街寻找美食是相当经济实惠的方法。

当然走访贩卖美食的商家或产地也是方法之一。这几年令我朝思暮想的就是“日本海域出产的生鱼片（或寿司）”。只要吃过能登半岛到新潟等温泉区的生鱼片和鱼类料理后，东京或关西人应该都会觉得“至今都被骗了”吧？我们在日常生活中吃到的生鱼片其实并不是货真价实的生鱼片。特别是平价居酒屋里的生鱼片，其实只是“看似很像生鱼片的食材”。

此外，前往温泉区旅游时，预约高级旅馆的晚餐并不一定是明智之举。旅馆的晚餐由于量（菜色数量）多，有可能混杂个人并不喜爱的食材在内。有什么必要支付高额餐费，特地去吃包含“不觉得好吃的食物”在内的套餐呢？

近来许多旅馆提供餐点自由选择的住宿方案，不妨尝试只在旅馆享用早餐，然后选择当地口碑佳的餐厅享用晚餐，这也是我认为最佳的黄金组合。早起泡完温泉后享用旅馆的日式早餐，对于喜好日式餐点的人来说无疑是无与伦比的美味。

不过，在食欲旺盛的成长发育时期要享受美味，其实也相当困难。十五岁至二十五岁的这段期间，因食欲旺盛的关系，比起口味，份量才是重点。同时由于身体需求的是高热量食物（=高脂肪食物，如肉类）而非美味，因此容易让餐点内容朝同质化发展。年轻人可能容易过着“因感到饥饿就提早吃饭”、“狼吞虎咽而非细细品尝”、“经济不甚宽裕时就每天吃汉堡和牛丼”的日子。

因此，决定“我要吃美食”的最佳年龄为三十岁左右。此时身体需求的热量已开始明显降低，若还维持着青少年时期的饮食习惯，肯定会发胖。若到了三十岁仍过着“份量与热量优先”的饮食生活，那过了四十岁就会再也无法转变为“品尝美味世界”的习惯而终其一生。

请别因惰性而持续着二十岁的饮食习惯，三十岁后设法重拾味觉吧！远离“总之只在乎肚子饿的日子”，保证能马上踏入令人垂涎三尺的美食世界。

活着的时候，不要浪费时间叹气，人生并不像你想的那么长。再怎么伤心、生气、烦恼，都一定要一步一步向前进，站在原地向后看的人，绝对不会幸福。

——浅田次郎

美酒与恋爱让人生快乐

对自己穷追猛打，
是会令自己感到精疲力尽的。

“酒”与“恋爱”都是令人生快乐而丰富的人生要素。为什么呢？因为这两项事物都可以使人远离“现实与逻辑的世界”。

不论是社会、人生，认真思考起来都有许多事物让人感到苦不堪言，而且当中的诸多问题与困难，也非付出努力即可顺利化解或克服。为了轻松生活，就不应只是全盘接纳现实，而是得适时添加一些自己喜爱、期望的事物，并设法找到偶尔以非逻辑性理由做出有利自身解释的方法。

酒与恋爱的美好之处在于，可以让“不想看见的事物”从视线范围内消失得无影无踪。此外，以客观来说不合常理的事物，也能依自我中心的立场得到解释，使内心更加深信不疑。这类“妄想”可使人恢复自信，并意识到自身是个别、有价值的。

虽然有人会觉得沉醉于酒和恋爱的状态过于丢脸，然而，假使人生在世至少六十年以上，这么长的一段时间，根本就不可能免于“完全不丢脸的人生”。以正常来说，每个人的人生其实都有“太难为情了、根本看不下去”的状态。这就是有血有肉、身为人类的真实样貌。因此，请别在意“客观的观点”，时不时地保持“是因为醉了的关系吗？我也不太清楚”这般模棱两可的判断力，放任自我、随心所欲地生活就够了。

若是时时处在心跳加速的恋爱模式中，无疑会造成相当大的能量消耗；若是常常借助酒精的力量，在不久的将来也有酒精成瘾的可能。不过，尽管无法时常处在真实恋爱的模式与酩酊大醉的状态，仍可以在心中抱定“稍微有点醉了时的思考力”与“恋爱 ing 时的自我中心有所扭曲的世界观”，这也是我给各位读者的建议。

在面临人生的各个转折点时，难免会碰上需要认真、谨慎思考的时候。反之，也有“不假思索、顺其自然”的时候。以“停止思考不太好”、“我是不是在逃避呢”等想法对自己穷追猛打，是会令自己感到精疲力尽的。

人的大脑与内心，时常在进行理性与欲望的相互角力，谁也不让

谁。碰上这种时候，酒与恋爱会给予欲望些许支持。即使是平日冷静、客观者，也会因此产生一点盲目的力量。

想要追求轻松生活，就必须善加活用酒与恋爱的魔法力量！

别人能否理解你有这么重要吗？

当自知彼此难以理解对方时，
就再费番工夫
设法让对方理解即可。

“A 时常可以正确理解 B 的发言、没有任何误解。反之亦然”，这般状态可称之为“沟通成立率 100 %”。理解并非等于“同意”，而是“清楚认识”之意。可以理解与自己意见相左者的主张及论点，彼此间的沟通才得以成立。

关于不同比率的详细说明如下：

90% 以上

日常谈话、工作中的对话、感情和感觉的说明等，很容易就能理解。即使使用拟态语、状声词，接收者的理解与发信者的想法也能一致。省略部分说明也能彼此沟通无碍。

70% 以上

日常谈话、所有工作相关的部分不会感受到任何压力。然而，感情和感觉的说明、使用拟态语和状声词沟通时，在前提省略的情况下可能会产生误解。

50% 以上

日常谈话虽无大碍，但工作上彼此须详加沟通。事关工作时，除了口头谈话外，应辅以白纸黑字及图解确认才能让人放心。

30% 以上

虽然日常谈话可以成立，但工作和议论方法等需要花费时间才能理解对方想要表达的意思，双方都对谈话感到挫折，时常产生误解并交恶。

20% 以上

即使是日常谈话也是误解频频。

20% 以下

时常无法理解对方的话。同时感觉自己的意思未能传达给对方。

彼此的思考模式完全不同。

试想你与身旁亲近的人，如父母和孩子、朋友和恋人、配偶、同事和上司、部下间的沟通成立比率分别是多少呢？与这些亲近的对象、关系不容否定的人，若是沟通成立比率偏低时，想必是件让人劳心伤神的事。

此时，若能采用“世上难免有沟通成立比率低、普通谈话也难以理解的人”的态度，或许还能更轻松点。有时不妨据实以告：“不好意思，你说的话我完全听不懂”，或是直截了当地询问对方：“你是不是也觉得我讲的话很难理解呢？”

“同样身为人，只要谈话就能彼此理解”的想法容易带来痛苦，若能放弃这个想法，以“有一定比例的人就是无法沟通”取而代之，说不定还会因“今天有三成的谈话成立”而开心不已。当自知彼此难以理解对方时，就再费番工夫设法让对方理解即可。

若是身为子女，抱着“我们是亲子关系，不必多讲他应该懂得”的想法，反而容易失败连连、挫折不断。由于是血浓于水的亲子关系，在了解“自己与父母的沟通成立比率偏低”之后，想必也会为改善此问题而付出努力。

此外，如果净是与沟通成立比率偏高的人往来时，面对无法理解自己的人，时常就会心生“这人怎么这么笨”、“他真是搞不清楚状况”而动怒，进而放弃与这些人沟通。

其实这不过是因为那些人与自己之间的“沟通成立比率”偏低罢了。静下心来仔细一想，也就完全没有为此发怒、感到焦躁不安的必要。抱着“一定可以与任何人相互理解”的这类幻想本来就是自讨苦吃而已。

到不了的地方都叫做远方，回不去的世界都叫做家乡，我一直向往的却是比远更远的地方。

——宫崎骏

过自己能掌握的最舒适的生活

若是晓得自我的身份、不过度勉强，

生活想必可以更悠闲、放松一点。

读到女性时尚杂志里“仿名媛通勤服装穿搭术”这类的特辑时，总是让我忍不住笑破肚皮。这是认真的吗？还是不过是个冷笑话呢？“名媛”根本就不需要通勤。说到这儿，之前似乎也曾看过“与仿名媛消费者的相处方法”的特辑。

曾有位高级服饰店的员工抱怨：“有客人买了我们公司的洋装，到洗衣店送洗后却缩水了，因此向我们公司投诉，真令人伤脑筋。”

依他所言，“我们公司的洋装，并不以可以反复清洗、穿着为制造前提”。这家公司的洋装，是以穿了几次后就会买新洋装的人为目标消费者而制作。其实真正的高级精品服饰都不是以“在特别活动穿过后就送洗、变胖后就修改尺寸”这种方式为预想的，因此才得以使用特殊材质制作、实现精美细致的设计。

拇指外翻也是相同道理。如果长时间穿着细长的高跟鞋，拇指可能会不正常地弯曲，严重时甚至需要手术治疗。

然而，“每天穿着高跟鞋搭乘地铁通勤”和“穿着高跟鞋工作一整天”的使用方法，并不在制造者的设想中。这类型的鞋，本身是为外出时搭乘马车或私人专用车的人、仅在参加社交舞会（游玩活动）时穿着的人专门设计的。

开门见山地说，就是因为劳动者硬是要穿上为了贵族设计的鞋并工作一整天，才会造成脚趾弯曲变形的结果。

我认为这种“局部努力”的消费模式，已经确实渗入日本整体社会意识的最底层。“妈妈以超市收银台兼职员工的身份赚钱，供小孩念私立学校”也是相同道理。

若是在社会阶层意识清楚分明的社会，根本不会有这种现象。即使有少部分的人拥有惊人的实力与潜力，但他们仍心知肚明：“还是有无法改变的部分”。

另一个原因是，整体社会缺乏“分际”的概念。大家处在相同的地位，都认为无法获得特定事物是由于资金的问题。因此就出现了“将资金集中，就能获得心中渴望的事物”这样的说法，这被称之为“局部（例如仅是家庭、仅是教育）集中而努力”的方法。

然而这种努力方式，从长远角度来说仍有一定的发展限度，这与穿着高跟鞋工作整天会让脚趾变形是相同道理。若是晓得自我的身份、不过度勉强，生活想必可以更悠闲、放松一点。

晓得自己几两重，仅在该范围内生活，是轻松快乐的生活之道，也是自然不矫作的生活方法。

和所有人都能聊得来

沟通能力时常会被视为『表达能力』。

我认为“沟通”的定义是“信息发送者所感觉的事物，接收者可以尽可能忠实再现”。举例来说，当自己处于愤怒情绪，沟通就是要使对方感觉到“我正在生气”。为此，“我正在生气”的发言虽然也是方法之一，但只字未提，表现出让对方感受自身愤怒情绪的态度，也不失为一种方法。

任何一种方法都可以作为沟通的手段。

当对方生性敏感时，就必须选择委婉的措词与方法。若非如此，明明仅是想传达“我正在生气”之意,对方却可能会误以为“激怒他的话，说不定一辈子都不会原谅我吧”，这样也算沟通失败。

反之，对迟钝的人，虽然原意是想传达“我正在生气”，但仅仅是反复使用恐怖表情、声音，而未直截了当地说出口时，对方可能只会认为“他今天好像心情不太好”。

由此可知，虽然仅是要传递“我正在生气”这个简单的信息，但也须视对方个性而选择适当的沟通手段。

就过程来说，想要沟通成功需要经过以下三个必要阶段：

（1）正确理解自己想要让对方感受哪种情绪、产生什么想法。

（2）了解对方的思维构造与感觉程度。

（3）具体选择要传达给对方的用字遣词与态度。

只因为想表达自己心中的意思而迅速发言，时常会引起对方的误解。因此，在脑海中想象“对方的接收方式”后，选择适当的传达方法，十分重要。沟通能力时常会被视为“表达能力”。例如，“说话术大全”、“简报能力练习”等说法都相当常见，这些都以“发信者如何良好表达”为重点。“我原本是这么认为的，却被对方误解”、“简易明了的说明，却未能传达给对方”的人，也抱持着将“发送”视为沟通成败关键的想法。

然而，“该如何说话”、“该如何表现”等，若未能针对谈话对象与状况进行特定练习，肯定会徒劳无功。毕竟相同的内容，会因对方的个性和当场气氛等差异，而使对方采用不同的接收方法。此外，解决问题的关键在于采用对接收者而言清楚易懂的表达方式，否则不论发言者自认为多么“简单明了”，都不具太大意义。**沟通能力为“理**

解接收者系统的能力”。因此，对于他人的思维构造、感觉程度与情感变化等拥有一定程度的知识与认知，绝对是必要条件。

若是平日都与立场相似的人往来，便容易在无意中产生“这么说，可以传达这个意思”的想法。只与学生往来、只与相同职业的人往来、只与相仿年龄与性别的人往来、只与相同国家的人往来……当自己是这类情形时，就会将“与自己属于同一群体之接收者”的共同构造与感觉视为“理所当然的事”，而逐渐降低察觉他人相异之处的意识。当偶尔与不同类型的接收者谈话时，便会因“为什么意思会无法传达”而惊讶不已。

与各式各样的相异接收者交流往来，才是锻炼沟通能力的最佳方法。

谁说性格无法改变？

确实如此，
我只做自己能力范围内的事。

讲到“容易得忧郁症者的特征”，可以列举出“认真且责任感强烈”、“自省”、“爱操心并且想法负面”、“一丝不苟”等，每当我听到这些，时常都会想着“这根本就是在说我……”

但到目前为止，我仍不曾得过忧郁症，我想这可能是因为我非常谨慎、小心奕奕地留意着的缘故。曾有人说，觉得“自己没问题”的人反而更危险，然而我是完全相反的，我一直担心着“自己不小心的话，可能就会生病”。换言之，即“采用预防性的认知疗法”，就能如现在这样平安无事。可以的话，我也希望终生都不得忧郁症。

在意特定事物时，首先应尽量设法与具有“针对事物不深入思考之个性的人”往来。我这样一写，有数名友人都惊讶地问：“是在说我吗”、“是指我吗”，不过这绝非在说他们的坏话。与天性乐观、思考积极

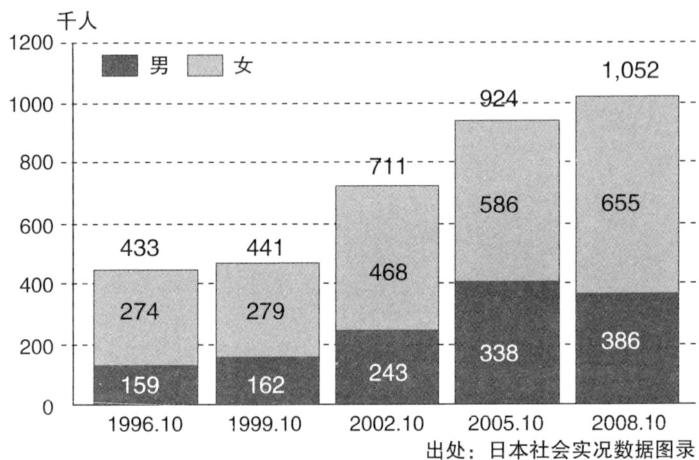

向上，即使遇上失败也能一笑置之这类型的人在一起时，就可以从他们身上学习到“令人如此难受的事情，只要使用这样的接受方式就好”。展现乐观的朋友们，都是我重要无比的心灵导师。

反之，遇上与自己一样、对于事物会深思熟虑的朋友时，虽然有着能彼此深入理解对方的优点，但也可能纠结于“生命的意义何在”、“这是人生现在该做的事吗”等没有正确解答的议论，更会因彼此互舔伤疤而疼痛不已，这些有时也难免让人感到恐惧。

不论何种话题，都能迅速以“太严肃的话题就到此为止，来想想晚餐要吃什么好呢？”转换气氛的人，对容易陷入“非得一直思考才行吗？”的自己而言，确实是非常重要的存在。

另一项他们身上我相当在意的品质是“不做需要付出极度努力的事情”，即“不确立远超出个人能力范围的目标”。

生性认真的人，即使确立的是高不可攀的目标，也会尽一切努力坚持到最后。不会敷衍了事，也不会想着“没达成也没关系，这是没办法的事”，而是以“非得设法达成才行”对自己紧追不舍。这种情形不难想象，因此打从一开始我就以“不努力似乎也能达成的事物”为目标。虽然因此被认为是“不知努力概念为何物的家伙”，但也有人说我“总是游刃有余”。确实如此，我只做自己能力范围内的事。

虽然有些事物是在“没问题吗”的不确定性下展开，但当察觉到“这件事不付出十足努力就不行”时，我就会当机立断地放弃。我相当注意不让自己因“如果是你，一定没问题”等这类话而受到煽动。

此外，我还将他人跟我说过的“不用那么努力也没关系啦”等类似话语以大字写下，贴在书桌前等容易映入眼帘的地方。

我的母亲时常将“有重要工作却睡过头，就赶紧向神明道谢”挂在嘴边。这是因为“面临重要工作，身体却疲累到无法起床，没有勉强自己起床真是太好了，继续休息才能维持生命与健康”。

此外，还有许多亲朋好友的话也让我因此获得拯救。当我因微不足道的失败而心情陷入宛如地狱般的悲惨程度时，有人曾对我说：“失败这种事，除了自己以外根本不会有人记得。只要自己忘了就结束了”，这对我来说是无疑是一剂强心针。

此外，我长时间进行“尽可能不要负面思考的训练”、尽可能与个性乐观的朋友相处，敏感程度也因而逐渐降低。历经数十年的时间，连我个人本身的气质也发生了变化，近来我也觉得自己的个性“好像变得好多了耶”！

借由我的亲身经验，我对“个性可以改变”这事深信不疑。虽然看见“天真到无话可说”的朋友们时，我仍会觉得“啊，我没办法。要像他那样还要个三十年吧”，但与过去的自己相比，现在的自己的确是有了巨大且明显的变化，甚至让我不得不以“你做得真好”来进行自我表扬。

对大多数人来说，“成长”代表着技能提升、知识增长、磨练判断能力等。然而，对我而言，成长则是“尽可能变得迟钝”、“对于事物不要细想太多”，回首过往，为达成此目的的“性格改造”就是我成长的轨迹。

若是你也怀抱着“想要改变自己”的愿望，请坚信自己。

个性，绝对可以改变。

一样的春天，却不一定给予了所有的人相同的喜悦。因为欣喜程度取决于每个人过冬的方式。

——星野道夫

谨慎选择『不适当价钱』的商品

在高度资本主义的社会中，商品与服务都拥有着与『本质价格』毫无关系的『销售价格』。

当听到某个价钱时，“昂贵”或“便宜”的感受，通常会因个人对金钱的观念而不尽相同。举例来说，对于衣物、流行配件杂货的价格区间，可依个人心中认定的适当范围，将消费者清楚地划分为数“层”：

（1）总是购买数千日元左右的衣物、杂货、包包的消费者。认为一个要价两万日元的包包或针织衫就算是高级品。

（2）时常购买二万至三万日元的商品。当售价超过五万日元时就会觉得价格略高，若没有以“因为是高级精品”等理由自我说服时，就下不去手。

（3）常购买的商品价格为五万至十万日元。对于超过三十万日元的西装、大衣，还是会觉得“好贵啊”。

（4）虽然购买数十万日元的商品是家常便饭，但面对一个二百万日元的戒指时，也是需要“因为是限量品”、“是结婚纪念日的礼物”等特别理由才能购买。

接下来的类型，虽然相当罕见但确实存在。

（5）日常生活购物以百万日元为单位。但一千万日元的珠宝还是要先与丈夫商量看看再决定是否购买。

（6）购物时从不问价格。珠宝盒中，价值数百万、数千万日元的戒指一字排开，从身上穿着的和服到家中的装饰品都是艺术品等级。丈夫的车价值数千万日元，掷重金改造，而且同时拥有数辆车。

有趣的一点是，不论是哪个阶层的消费者，心中的认知都只有“对自己而言合理的价格”和“对自己而言太夸张的可笑价格”。例如，“时常购买五万日元左右的洋装、包包，但面对三十万日元的大衣却无法轻易决定买下”，这类型的人心中想法如下：“这个五万日元的包包做工精制、材质是上等皮革，使用起来也相当顺手，确实值这个价。由于是可以长久使用的物品，所以比起花钱买便宜货来得划算许多。可是这件三十万日元的大衣，我觉得不值这个价。只不过因为是名牌所以才这么贵，而且款式已经不流行、材质容易弄脏，会买这个的人真是笨蛋！”

对这位消费者而言，三十万日元的大衣价格之所以可笑，其真正理由在于“自己无法轻松购买”。“可笑价格”的说法，其实不过是为了使买不起的自己正常化，看似合乎情理。其他阶层也是相同情形。换言之，商品与服务实际上根本“不具备客观而适当的价钱”。

由于这样的背景，市场因而产生区隔，消费者只能接受自己能力范围内可负担的商品价格区间，及顶多再往上一层的商品价格区间。一般而言，消费者在日常生活里，鲜少有机会遇见“若无其事地购买自己视为可笑价格商品的人”，也几乎不会认识“将自己认为划算的商品”视为“可笑价格”的人。

此外，厂商也会有意阻断情报信息。超高级精品品牌的广告在电视和报纸上无影无踪，店铺门口也使用极具厚重感及强烈压迫感的设计，为了不让“会错意的人”不小心闯入，店家颇费了一番工夫。

因此，**所有人都对于“自己是聪明消费者”这点深信不疑，怀着快乐的心情购物**。

另一方面，经济成长其实也可说是人们心中合适价格日渐提高的过程。往昔饭店留宿一晚需一万日元的行情就已相当高级，在泡沫经济时期一晚二万至三万日元仍是“适当的价格”，近年来进驻日本都会区的欧美系饭店一晚则要四万至六万日元。

供给方为了营造适当价格的合理性，以“顶级服务”、“世界上流名媛的指定饭店”等标签作为宣传噱头，借此提高人们感觉“适当价格”的范围，这点也是商业手腕的一种。

不过，当消费者因美妙幻想而提升自己心中适当价格的范围时，不论他当时多么富有，都会嫌己不足。

在高度资本主义的社会中，商品与服务都拥有着与“本质价格”毫无关系的“销售价格”。衡量自己的财力，能够轻易购买的商品才具备“适当的价格”，不借钱就买不了、不分期付款就买不了的商品肯定有“对于自己的不适当价格”，请理解并建立这样的认知吧！

人的一生，其实不过是在无数风景片段的组合中奔走穿梭而过的吧。

——森山大道

要向命运挑战或低头？

人生的决定权在自己手里。

面对命运，有“挑战”和“接受”两种应对方法。特别是在残酷命运降临时，有人选择以超然的角度全盘接受。反之，会有人无法轻易接受眼前的结果，选择彻底与之奋战。

关于命运的安排，或许不论选择挑战或接受，结果都不会有太大的差异。就定义上来说，命运就是这么一回事。然而，挑战还是接受命运的选择，则会使人产生巨大差异。“勇于迎接挑战的人生”与“放弃而选择其他方向的人生”，两者是截然不同的。

挑战还是接受，随之产生变化的并非是结果，而是过程。因此，并不该以是否能获得胜利作为选择依据，而应以“想要过着迎接挑战的人生吗”来进行抉择。

历史上或是当代，都有无数的人选择与命运奋战。尽管不战而降就能拥有快乐轻松人生，他们却拒绝走上这条路。对于这种人来说，“不放弃、继续奋战的这种选择”本身更为重要。

另一方面，“不战而弃，转向其他人生之路”并不等于懦弱、缺乏勇气，也不表示个人的软弱无能。这也是生活的一种方式。

人生的决定权在自己手里。**没有绝对“应该挑战”或“应该接受”，不需要任何逻辑道理。**不过是些想要过什么样的人生、希望如何运用之后的时间，这样极为简单的选择罢了。

只要有勇气了解『做不到』的事，接下来一定可以找到『喜欢且擅长的事』，于是，就可以开创新的道路，看到不一样的风景。

——松浦弥太郎

结婚与否是个人自由

结婚与否是个人自由，
应该与不应该等
议论的本身就可笑不已。

结婚制度本身有着诸多不可思议之处。

首先难以让人理解的是，对于其他事物怀着自由开放态度、（看似）主张“各种不同生活方式都应该获得认可”的人，一谈到结婚、生儿育女的话题时，就脱口而出：“结婚是理所当然的事”、“怎么会不想生小孩呢？小孩子明明那么可爱”等，大言不惭地将“特定的生活方式”强行加诸他人身上。

在求职咨询时，说着：“因为是仅此一次的人生，我想要从事自己想做的工作、不留下后悔”的人，却毫无顾虑地询问主张“我不要结婚”的人：“咦？为什么啊？”为什么不能如同求职咨询时，同样以“人生只有一次，选择自己喜欢的方式即可”对照思考呢？

此外，强烈主张“应该结婚”的人们，他们的理由也几乎都不合乎逻辑。

例如，有人会说：“不结婚的话，老了后会很孤单唷”，然而除了已婚夫妻两人同时过世的罕见情况外，每个人到最后都免不了是一个人。姑且不论过去孩子与父母同居的时代，我认为将来不论结婚与否、是否有小孩，都不会影响老年生活的孤单程度。所以，为了保障将来的生活而选择结婚，完全是毫无意义的行为。

除此之外，人们在结婚费用上的支出，我也认为花费不菲。若是有他人赞助倒还无妨，但一般情况下，不过是一个礼拜左右的活动就要花掉工作半年的收入，其中的合理性究竟在哪儿呢？

此外，

·男性年收入的高低影响结婚率（＝年收入低则结婚率低）。

·不景气时，女性成为家庭主妇的愿望增加。

·因感受工作上的极限，而在三十五岁左右开始“婚活”（相亲、积极寻觅结婚对象）的女性增加。

·持续游手好闲生活的有钱男性，近五十岁了还与年轻女性结婚。

从这些现象都不难看出，不论是男性还是女性，都是以非常现实的态度来看待“配偶”。而且，这些实情绝对不会在个人结婚前被公布于世，只会一味地强调彼此毫无虚假的“爱”，夸张的程度让人完全看不下去。

因结婚、生小孩而获得奖励，这些事对于权势者来说事关重大，对于这点不难理解。追根究底，婚姻制度本来就是根据动物的性本能，为“保存物种”而衍生出的社会化制度，并在宗教的辅助下令连结更为强化罢了。基督教有着亚当与夏娃为象征的伴侣文化，儒教“家”的概念等，都与婚姻制度紧密连结。

此外，对国家来说，儿童数量＝人口，也是国力保障，因此主政者往往不吝给予结婚与生育者奖励。战争期间“增产报国”与现在“少子化持续下去，日本经济的未来就是一片黑暗”的想法完全如出一辙。

话虽如此，**同时拥有多种不同面向的人类，既然主张人生选择的自由开放，并赞赏生活方式的多样性。那么，我们是不是也应该停止继续给予结婚制度与众不同的特别地位了呢？**

结婚与否是个人自由，应该与不应该等议论的本身就可笑不已（与该当个上班族，还是该自己做生意的议论一样，毫无意义得让人发笑）。此外，“婚活”与结婚被视为“人生重大活动”的现象，那么是否也该参照葬礼，为这种实质上是极度不透明的价格现象划上休止符呢？

绝无仅有的人生，请选择自己喜爱的方式生活吧！

找到『自我的表现方法』

每个人都拥有『某项特别事物』。

我曾与一位在网上发表许多独家网络应用程序的设计师 Pha 谈话，他曾对我说了一段话，大意为“学会制作网络程序，让我找到了适合的自我表现方法”。听到他这么形容时，我才首次认知到“应用程序＝表现方法”。

每个人都拥有“某项特别事物”。但这项特别事物需使用特定表现方法，才能化作传达形式，而后被他人理解。若是没有经过名为“表现方法”的文件夹，说不定连自己对于自身拥有的特别之处都丝毫没有察觉呢。

想要将自己的事传达出去、使他人理解、让他人认识自己拥有的事物等，这是每个人都拥有的自然欲望。因此，若能知晓完美展现“自己拥有的特别事物”的方法并善加活用，该是件多么幸福的事啊！

具体来说，可通过下列工具：

· 语言／文字（散文）／短歌、俳句、诗、韵文／表演／照片／画作／设计、灵感／乐器／音乐、作曲、节奏／声音／肢体（舞蹈、体操、表情等）／演技、戏剧／影像／料理／程序设计／创作品（建筑物、作品、现代艺术等）／工作方式和商业技巧等诸如此类，包括各式各样的方法。

其实上述的许多方法都会在义务教育阶段内获得体验。写作文、绘图、尝试创作韵文、音乐课里唱歌和实际演奏乐器；运动会上跳舞、文化祭上演戏。换言之，义务教育可说是“在包罗万象的多种方法里，找到最适合自己的表现方法”的教育。

虽然目前小学课程中未包含程序设计，但程序设计亦是表现方法之一，因此也可考虑及早让儿童体验、接触。

对我来说，相较于其他表现方法，我可以说是最擅长使用“文字”作为个人表现方法，与我相同的儿童相当幸运。反之，也有许多儿童并非如此。

当遍寻不着适合自己的表现方法时，就无法令他人理解自我，自己也无法善加表现自身情感，这无疑是件令人痛苦的事。有人会就此放弃让他人理解自我，或是拒绝，感到绝望，甚至也有人演变出暴力行为或进行“自我封闭”。

因此，**若能让每个人尽量在义务教育中体验多种可能作为自我表现的方法，自然是最好不过**。此外，在教育目的中明白提示“寻找表现自我的方法”作为目标，我认为也能有所助益。

若是某项事物让你感到“没办法传达给别人、没有任何人理解我”，这并非你沟通能力低的缘故，或许只是现在“你还没找到适合自己的表现方法”罢了。

旅行的效用

事实是，
自己不是特别的存在，
也没有特别的人生。

我个人相当喜爱旅行，从学生时代起就时常四处旅行。进入大学时，还曾从东京搭电车前往北海道和东北地区，展开沿途搭便车，留宿青年旅馆的徒步旅行。旅游足迹延伸到国外后，至今已拜访了全世界五十多个国家。

在国外旅游时，我起先是以西欧地区为中心，之后由于想要见识更多不同的国家风情，就去了一趟戈尔巴乔夫担任总书记时代的苏联；在五月一日国际劳动节的时候还去了趟古巴（古巴会议主席卡斯特罗演讲时）。

三十岁出头时，我曾提着一个大型包包，踏上独自一人、毫无目的地的自由旅行。飞机降落在埃及路克索机场时，除了我以外的所有乘客都是由导游带领的团客，在我还不知所措时，众人就搭上游览车离开了，独留我在没有任何大众运输工具的机场，完全不知如何是好。

我还曾搭错长途列车，让本来预定的目的地由南法变为西班牙，也因此在鸟不生蛋、地处边境的乡下小镇体验到了人生首次的野外过夜。

近年来，我也会留宿度假胜地的豪华酒店，不似因为没有信用卡的缘故，每天都要时时留意钱包的余额、找寻便宜的旅馆的学生时代。

当听到连非洲、中东地区，我也是单独前往时，时常会被他人说：“你好勇敢喔”，但其实我心中也是害怕不已，出发前都一直忐忑不安。加上我生性讨厌麻烦，因此也不喜欢在行前制定旅行计划。近年来常有“年轻人不乐于海外旅游”的新闻，姑且不论报导本身的真假，但我也能深刻了解在自己熟悉的日本玩起来更加自在的感觉。尽管如此，为什么我还是要频繁地进行海外旅游呢？这是因为，身在国外时常可以让人体会“自己是个微不足道的渺小存在”。

在日本过着平凡的生活，随着时间的推进，就会认为自己的家庭、工作都拥有极其重要的价值。我个人在去年为止也都对自己的工作感到骄傲，认为自己对于公司及社会都做出了一定程度的贡献。

然而，当我在肯尼亚待了一周，每天都在游猎，奔驰在一望无际的大草原上，远眺没入地平线另一端的夕阳，身处彷佛数千年前木乃伊还活着的沙漠街道上，环绕在异族的市场喧嚣中的时候，我突然察觉自己的工作不过是地球上微不足道的一隅中不具任何意义的事情。

当长期在日本工作后，会对离开工作感到恐惧，也无法想象没有工作的人生。然而，“换个观点来说，工作可能毫无重要性。不过就是在极其狭隘的有限范围里，比他人增加了些微的经验罢了”。当产生这种观点时，就会自然而然觉得“仔细想想，并没有必要那么在意工作”。

此外，对于自身的存在也是一个道理。身在日本，围绕在家人、朋友身旁，就会觉得身为人类的自己是“重要的存在”，是个众人皆知的人物。然而，跨出一步放眼世界，谁也不会知道我是谁。

我独自前往印度旅行时，因高温炎热而感到不适，就直接躺在脏乱的街道上休息。那时我曾思考“我就死在这儿的话，家人要过多久才会收到通知”？环视四周，旁边也躺着许多不知生死的人，我有种自己会被淹没在人群中的感觉。然而与此同时，却也产生了一种妙不可言的达观，“世上有这么多的人，每天有这么多的人死去，我的人生在此终结，或许也是种无可奈何”。因为，对比躺在我周围的其他人，我并不觉得他们与我在存在价值上有任何明显的差异。

旅行的优点，在于可以亲身体会自己不过是地球上众多生物中的个体之一。地球上还有着为数众多的人，自己的存在或是消失并不会对世界产生任何影响。

事实是，自己不是特别的存在，也没有特别的人生。

人在生活中可以获得各式各样的事物，并随着年岁的增长而拥有更多的事物——工作和头衔、家庭和人际关系、环境与资产等，每个人都会对此重视不已并产生崇敬的想法，于是对日后要放手的时刻会感到恐惧。

然而当进入一个截然不同的地方时，就会让人不由自主地思考“有那么需要拼命守护的必要性吗”？**其实，并没有哪个观点是绝对正确的，相同的事物可以同时拥有多个不同的观点**。但不同的观点，可以对自身的存在及深信事物的价值，提供多样且相对的看法。

因此在国外亲身经历了有强烈冲击的事情后，我觉得自己在精神上变得更开放、更能朝自由的方向迈进。对我而言，这就是国外旅游的价值所在。

后序

自由这回事

（自由であること）

我在高中时，曾向双亲提出想要和朋友去旅行、想出国留学等各种心愿，但不论是哪一项，都因父亲反对而未能如愿以偿。面对心生不满而抱怨连连的我，父亲时常跟我说：“自己想做的事，等到你可以自己赚钱后再去做。”每次听到这样的回答，我的心中便会燃起想要尽早独当一面的强烈想法。对于高中生的我来说，经济能力相当于“通往自由的护照”。

当开始凭自己的能力生活后，我才了解“自由生活”的真正含义。那时候，虽然拥有一定的经济能力，但自己还是完全不自由，反而会感受到一股强烈的束缚。

束缚自己的，是社会价值规范的世俗观点。进一步来说，自己心中“确保自身地位、名声、安全等的欲望”、“骄傲”、“不安感”等，无形中对自己的生活方式产生了强烈的束缚，其实这些正是自由生活的阻碍。

也有形式上束缚自我的事物，如必须为了养家而工作、肩负看护和育儿工作等，这些都是明显的束缚，使人沉浸在“如果没有这些束缚，自己就能重获自由”的美好幻想中，就如同高中生的我，对于“拥有经济能力就能自由”深信不疑。然而，当从那些“三言两语带过的借口”中真正获得解放时，人才会与真正束缚自己的事物正面对决。

我不曾体会过超出自己收入的奢华生活，从幼儿园起就一路念到研究所，踏入社会后也一直以正式员工的身份工作。若是自己真的想要追求自由生活，我想我就不会过着上述这种生活。我对自己设定了“踏实人生”的范围，并在范围内选择自己想要从事的事物，发展的结果连结着现在的人生。我并没有厚颜无耻，或是无知到大言不惭地吹嘘“我过着自由生活，恰巧也在自己的设定范围内”。

真正自由生活的人们时常是那些被他人形容为“火宅*之人”、“破碎人格”，以潦倒于路旁的方式终其一生的人。自然的，我不可能想要那样的人生。然而，过着那般生活的人或许经历过耀眼夺目的“精神自由”，那一定是相当宝贵的精神财富。一想到未能体验过那样的感觉，人生就宣告结束，实在令我心头袭上一股焦躁感。

虽然无法自由生活，但我获得了“相应的人生”。尽管如此，一生未能自由地活过一次，那我生到这个世上的意义究竟为何呢？我在去年从长年工作的公司离职，开始拥有“不工作的生活”。现在，我想试着挑战自由生活。

本书是从过去五年在博客上刊载的文章中，从我个人较为关注并进行了深层次思考的部分中挑选而出，加大幅增修、撰写而成的新稿。我试图表现包括自己在内，从许多人身上容易捕捉到的某种人生规范的滑稽、可笑之处，不仅是为读者，也想将“从无聊的规范中逃走，重返自由吧”的信息传达给自己。

尽管只是漫长人生中的短暂时间也无妨。

真想要自由的生活啊！

★火宅：充满烦恼与痛苦的现世，佛教以被火焰包围的住家作比喻。

乐观这回事

（楽観的であること——“よかった確認”）

我家有个确认“太好了”的习惯。不论面对多么令人绝望沮丧的现实，都要设法从中找寻某种特别的意义，借以确认“太好了”。

我的母亲可说是这方面的天才。迷路时她会说：“多走点路就当是运动，真是太好了”；有人不小心将饮料洒在地上，她会在擦拭地板后说：“可以借机清理原本脏兮兮的地板真是太好了”；面对旅游景点空无一人的景况时，她会说：“不用人挤人真是太好了”，人山人海时则会说："感受热闹的气氛真是太好了"；生病时，她会说："可以理解健康的可贵真是太好了"；钱包在热闹的活动中遭窃时，她会说："幸好只有钱不见"；前述也曾提到过，在我遇到有重要工作却睡过头时，她曾对我说："这么重要的日子却爬不起来，是身体相当疲累的证据。如果硬是勉强自己起床工作，可能还会因此生病，没有准时起床（在病倒前先让体力恢复）真是太好了。"

诸如此类，发生任何坏事时一定会有人进行"太好了"的确认，我就生长在这种环境中。现在，当我在感到难过、悲伤，想要号啕大哭时，也会有这种在坏事中寻找"太好了"部分的习惯。

基本上我就是抱着非常乐观的态度一路活到现在。"不景气真是太好了"、"乡下真是太好了"、"英文很烂真是太好了"、"不受欢迎真是太好了"等，不论面对何种情况，都能确认"太好了"而继续生活下去。我想，世界上的任何事物或人生都不应因暂时的不好而就此放弃。

事物同时有着好坏两个方面。既然都要面对，不如将焦点着重于好的那面，让生活更加快乐轻松，没有非得选择消极生活方式的必要。

因此，追根究底，我个人的思考方式有以下两个原则：

1. 自由生活。不想与任何人比较，也不试图追求社会评价，只是单纯为了自由而生。

2. 对事物进一步思考。世界并不是想象中的那般黑暗，请乐观生活吧！

自由、乐观地享受人生吧！

那么就这样啰！

[参考文献]

谷崎松子《倚松庵的梦》（中央公论新社，1979 年）

藤川太《上班族 2 度破产》（朝日新闻社，2006 年）

冈崎昂裕《自己破产的现场》（角川书店，2003 年）

山下英子《新整理术“断舍离”》（Magazine House，2009 年）

金子由纪子《不依赖金钱聪明生活不购物的习惯》（Aspect，2009 年）

Robert Earl Kelley《The Gold-Collar Worker》（Addison-Wesley，1985 年）

堀江贵文、西村博之他《不就业的生活方式：在网上从事“喜欢”工作之十人的方法》（Impress Japan，2010 年）

三浦展《下流社会新阶层集团的出现》（光文社，2005 年）